KB088311

Sewing Pattern Book

Shirt & Blouse
셔츠 & 블라우스 기본 패턴집

노기 요코 지음 | 남궁가윤 옮김

● 뒤판의 변형

캐주얼셔츠(긴소매)
P.26

캐주얼셔츠(반소매)
P.27

요크
P.28

요크(가운데 맞주름)
P.29

요크(양쪽 주름)
P.30

요크(개더)
P.31

● 칼라의 변형

받침칼라가 달린 셔츠칼라
(각진 모양)
P.36

받침칼라가 달린 셔츠칼라
(동근 모양)
P.37

스탠드칼라 ❶
P.38

스탠드칼라 ❷
P.39

오픈칼라
P.40

● 몸판의 변형

기본
P.58

가슴 다트
P.59

허리 다트
P.60

페플럼
P.61

요크+개더
P.62

스퀘어 요크+개더
P.63

● 소매의 변형·7부 소매

플레어
P.68

소맷부리 고무 밴드
P.69

커프스 리본
P.70

● 소매의 변형·반소매

소맷부리 개더
P.57·P.72

소매산·소맷부리 개더
P.73

● 목둘레의 변형

라운드넥
P.80

브이넥
P.81

보트넥
P.82

스퀘어넥
P.83

● 칼라의 변형

라운드칼라
P.84

보타이
P.85

개더
P.86

Contents

picture page / How to make page

이 책의 사용법

실제 원단으로 만들어 보자

■ Shirt   셔츠 조합표 P.22·23

기본(긴소매)   기본(반소매)

■ Blouse   블라우스 조합표 P.54·55

기본(긴소매)   기본(반소매)

치수 재기

이 책에서는 아래 사이즈표를 기준으로 한 7호~15호 패턴을 실었습니다.
각자 신체 치수를 재서 어느 사이즈가 맞는지 확인합니다.

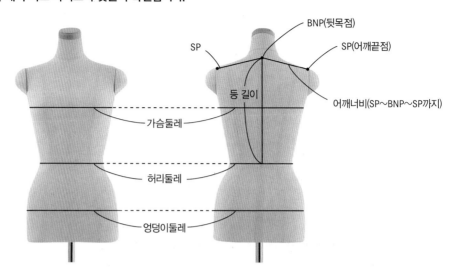

사이즈표

속옷을 입은 상태에서 잰 치수(신체 치수)

단위=cm

사이즈(호)	가슴둘레	허리둘레	엉덩이둘레	어깨너비	키	등 길이
7	80	60	86	38	150~156	38
9	84	64	90	39	156~162	39
11	88	68	94	40	162~168	40
13	93	73	99	41	162~168	40
15	98	78	104	42	162~168	40

완성 사이즈

● 앞여밈단의 변형

한 번 접기 P.32
두 번 접기 P.33
숨김단 P.35
3패턴 P.34

● 소맷부리의 변형

스퀘어 커프스 P.42
라운드 커프스 P.43
턴업 커프스 P.44
덧단 트임 만드는 법
바이어스 트임 만드는 법 P.45

● 주머니

사각
오각 P.46

● 소매의 변형·긴소매

소맷부리 개더 P.56·P.64
소매산·소맷부리 개더 P.64
벌룬 P.65
소매산 턱 P.66
소맷부리 플레어 P.67

소맷부리 턱 P.74
소매산 턱+커프스 P.75

● 소매의 변형·캡 소매

민소매 P.76
개더 P.77
플레어 P.78
턱 P.79

이 책의 사용법

해당 부분의 종류

몸판, 소매, 칼라 등 각 부분의 변형과 이름을 표시합니다. 부분명은 실물 크기 패턴에 적혀 있는 이름과 같습니다.

해설

해당 부분의 특징과 만드는 법 포인트 등을 설명합니다.

Pattern

실물 크기 패턴을 축소한 것으로 해당 부분의 사용법을 보여 줍니다.

- 【 】안의 알파벳은 실물 크기 패턴이 실린 면, 그 뒤의 내용은 해당 부분 이름입니다.
- 회색으로 된 부분: 실물 크기 패턴은 공통으로 사용하기 때문에 선이 여러 개 겹쳐 있습니다. 그래서 알아보기 쉽도록 사용하는 부분을 회색으로 구분했습니다. 단독으로 사용하는 부분에는 색이 없습니다.
- 기본적으로 안쪽 선이 완성선(패턴에서 표시한 선), 바깥쪽 선이 시접선입니다.
- 시접 폭, 접착심, 식서 방향은 기준이되는 표시입니다. 디자인이나 만드는 법에 따라서 달라지므로 참고하세요.

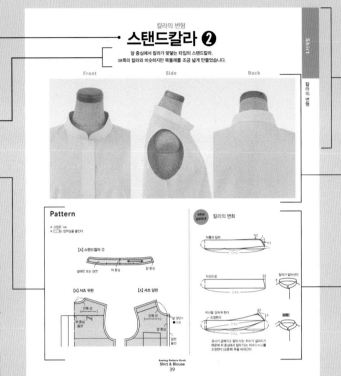

인덱스

셔츠와 블라우스를 다른 색으로 구분하고 부분명을 표시했습니다.

이미지 사진

샘플 작품은 원단 질감에 따른 오차가 생기지 않도록 모두 얇은 시팅으로 만들었습니다. 앞모습, 옆모습, 뒷모습을 필요에 따라 보여 줍니다.

one point

만드는 법의 부분 설명, 변형 방법, 알아두면 편리한 정보입니다. 이 부분이 없는 페이지도 있습니다.

✚ 이렇게 사용할 수도 있어요!

목차(P.3~5)의 일러스트는 모두 같은 비율이므로 몸판, 소매, 칼라 같은 각 부분을 패턴지에 순서대로 옮겨 그려 두면 취향에 맞는 디자인을 만들어 볼 수 있습니다. 거기에 단추, 색깔, 무늬 등을 넣으면 실제로 만들기 전에 옷이 완성된 모습을 더 구체적으로 떠올릴 수 있습니다. 자유자재로 조합할 수 있으니 꼭 시도해 보세요.

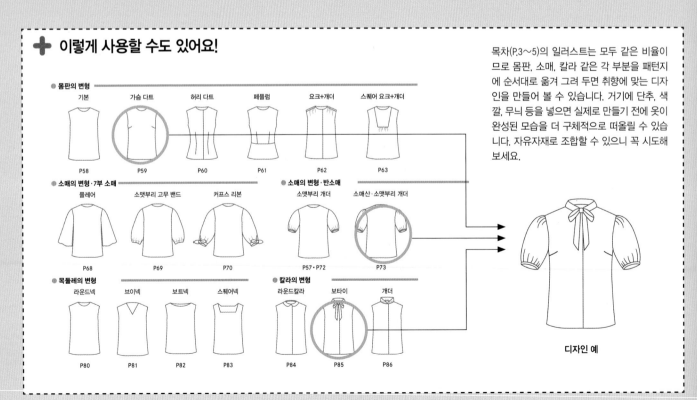

각 부분의 명칭

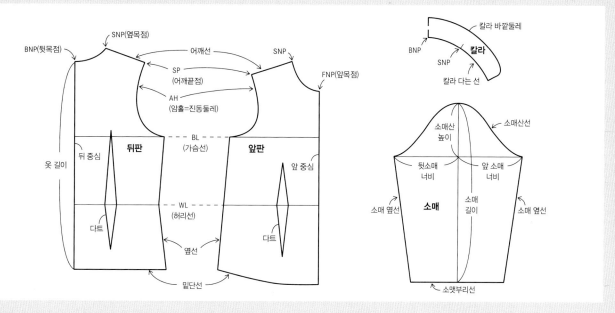

선의 종류와 기호

완성선　골선　식서 방향　안내선　안단선　스티치선　개더　맞춤점　맞댐 표시

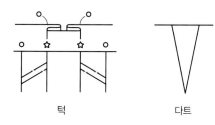

턱　　　　　다트

완성선
완성된 부분을 표시하는 선.
골선
원단을 반으로 접었을 때 접음선 부분.
식서 방향
원단의 식서와 평행인 세로 올 방향을 나타내는 기호.
안내선
가슴선이나 접어 올리는 위치 등 보조선 역할을 한다.
안단선
안단 다는 위치를 표시하는 선.
스티치선
겉에 보이는 스티치를 표시하는 선.
개더
주름을 잡아서 줄이는 장소를 나타내는 기호.
맞춤점
따로 떨어진 부분을 이을 때 어긋나지 않도록 하기 위한 기호.
맞댐 표시
떨어진 부분끼리 맞대라는 기호.
턱
사선의 높은 쪽에서 낮은 쪽을 향해 접는다.
다트
선 두 개를 겹쳐서 박으라는 기호.

패턴 옮겨 그리는 법

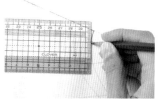

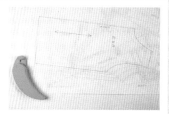

1 실물 크기 패턴에서 만들고 싶은 디자인과 사이즈를 골라서 알아보기 쉽게 모서리 등의 포인트를 형광펜으로 표시합니다.

2 패턴 위에 패턴지를 겹치고, 움직이지 않도록 문진으로 누릅니다. 방안자를 이용하여 패턴의 선을 옮겨 그립니다.

3 곡선 부분은 자의 각도를 조금씩 바꿔 가며 그립니다.

4 식서 방향이나 맞춤점도 옮겨 그리고 해당 부분 이름을 적습니다.

시접

시접 폭이나 모서리 부분은 만드는 법이나 사용하는 소재에 따라 달라집니다.
올이 풀리기 쉬운 원단이나 두께가 있는 소재일 때는 시접을 조금 넉넉하게 두고, 곡선이 급한 부분은 줄이는 식으로 조절합니다.
잘 모르거나 염려스러울 때는 일단 시접을 넉넉하게 두고 나중에 남는 부분을 잘라도 됩니다.

기준이 되는 시접 폭

밑단, 소맷부리, 주머니 입구 등의 한 번 접어박기	2cm 전후
밑단, 소맷부리, 주머니 입구 등의 두 번 접어박기	2~4cm
칼라둘레, 목둘레 등 급한 곡선	0.7cm
그 외(옆선, 소매 옆선, 어깨선, 진동둘레 등)	1cm

시접 넣는 법

먼저 모서리 이외의 직선, 곡선 부분은 방안자를 사용하여 완성선과 평행으로 시접선을 그립니다. 이어서 모서리 부분의 시접을 넣습니다. 모서리 시접은 봉제 방법이나 시접 넘기는 방향에 따라 달라지니, 아래 그림을 참조하여 박음질 순서를 생각하며 적절하게 넣습니다.

※ 먼저 박는 쪽을 연장하는 것이 기본입니다.
※ 접어 올리는 모서리(소맷부리나 밑단 등)는 접어 올리는 쪽을 연장합니다.

● 모서리 시접

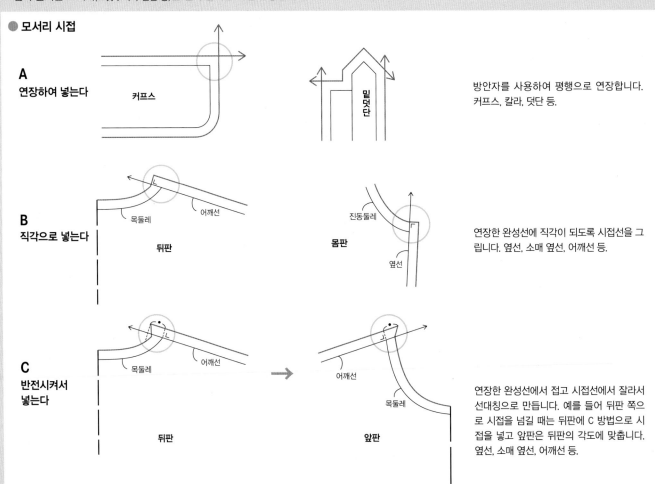

A 연장하여 넣는다
커프스

밑덧단

방안자를 사용하여 평행으로 연장합니다.
커프스, 칼라, 덧단 등.

B 직각으로 넣는다
목둘레   어깨선
뒤판

진동둘레
몸판
옆선

연장한 완성선에 직각이 되도록 시접선을 그립니다. 옆선, 소매 옆선, 어깨선 등.

C 반전시켜서 넣는다
목둘레   어깨선
뒤판

어깨선
목둘레
앞판

연장한 완성선에서 접고 시접선에서 잘라서 선대칭으로 만듭니다. 예를 들어 뒤판 쪽으로 시접을 넘길 때는 뒤판에 C 방법으로 시접을 넣고 앞판은 뒤판의 각도에 맞춥니다. 옆선, 소매 옆선, 어깨선 등.

● 접어 올리는 모서리 시접(소맷부리를 예로 들어 설명)

한 번 접기

두 번 접기

1 소맷부리의 완성선을 연장하고 모서리 주위를 넉넉하게 남겨서 패턴을 자릅니다.

2 완성선에서 접어 올리고, 소매 옆선 시접선을 따라서 남는 부분을 자릅니다.

3 필요한 만큼 시접을 넣었습니다.

한 번 접기와 같은 방법으로 하고, 시접을 두 번 접은 뒤에 남는 부분을 자릅니다.

● 다트 ※ 턱도 방법은 같다

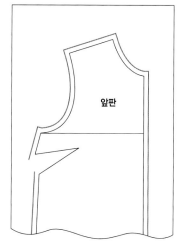

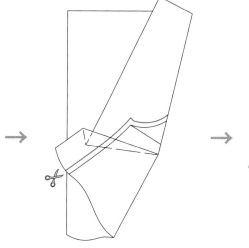

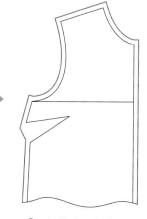

1 다트 부분을 남기고 시접선을 그립니다.

2 다트를 접고 시접선을 자릅니다.
※ 다트를 넘기는 방향에 주의합니다.

3 필요한 만큼 시접을 넣었습니다.

포인트는 직각!

● 골선과 교차하는 선

※ 골선이 되는 선에 대해 직각으로 시접을 넣습니다.

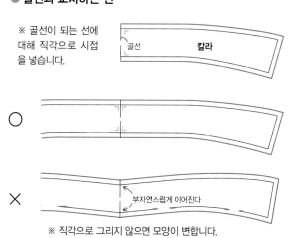

○

×

※ 직각으로 그리지 않으면 모양이 변합니다.

● 맞춤점

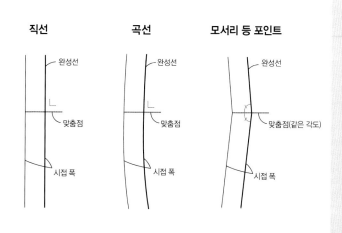

직선　　**곡선**　　**모서리 등 포인트**

도구

패턴을 만들고 원단을 재단하여 봉제해서 작품을 완성하려면 여러 도구가 필요합니다.
처음부터 도구를 다 갖출 필요는 없지만, 편리한 도구를 잘 사용하면 옷 만들기가 한결 더 편해집니다.

도구 제공/ ★=클로버 주식회사, 봉제실=주식회사 후직스(이 책의 작품에는 모두 후직스 봉제실을 사용)

방안자★
길이 50㎝에 모눈(방안)이 인쇄되어 있
는 투명한 자가 편리합니다. 치수를 재
거나 패턴을 옮겨 그릴 때 사용합니다.

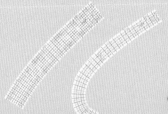

곡선자★
제도하거나 패턴을 옮길 때 곡선 부분
을 그리는 데 사용합니다.

패턴자★
밑에 있는 내용이 비쳐 보이는 얇고 튼
튼한 종이. 제도나 패턴 만들기에 사용
합니다.

문진★
패턴이 어긋나지 않도록 고정시키기 위
한 누름돌.

초크 펜슬★
원단에 표시할 때 쓰는 펜슬. 세탁하면
지워지는 수용성 타입도 편리합니다.

원단용 먹지★
원단에 표시할 때 사용합니다. 단면 타
입과 양면 타입이 있고 소프트 룰렛과
함께 사용합니다.

소프트 룰렛★
원단용 먹지와 함께 사용합니다. 끝이
뭉툭한 톱니바퀴가 달려 있습니다.

재단 가위★
원단을 자르는 가위입니다. 원단 이외의
것을 자르면 날이 잘 들지 않게 되니 원
단 전용 가위를 준비합니다.

종이 가위
패턴 등 종이나 원단 이외에 고무 밴드
나 끈 등을 자를 때 사용합니다.

쪽가위★
실을 자르는 가위. 세밀한 부분을 자를
때도 사용합니다.

다리미★
올 바로잡기, 주름 펴기, 모양 정리, 접
기, 가르기 등 양재에 꼭 필요한 도구입
니다. 과정이 한 단계 끝날 때마다 다려
서 모양을 정리하면 완성했을 때 확실
히 차이가 납니다.

재봉틀

가정용 재봉틀. 직선 박기 외에 가장자리를 처리할 수 있는 지그재그 스티치나 버튼홀 스티치 기능이 있는 재봉틀이 좋습니다.

핀 쿠션★

사용 중인 시침핀이나 바늘을 꽂아 두는 도구.

시침핀★

원단끼리 임시로 고정할 때 사용합니다. 유리로 된 핀 머리는 열에 강하므로 시침핀을 꽂은 채로 다림질을 해도 괜찮습니다.

시침 클립★

두꺼운 원단이나 구멍을 내고 싶지 않은 소재를 임시로 고정할 때 사용합니다.

송곳★

재봉을 할 때 원단을 앞으로 보내거나 모서리를 정리할 때 사용합니다.

실뜯개★

바늘땀을 뜯거나 단춧구멍을 뚫을 때 사용합니다.

고무줄 끼우개★

고무 밴드나 끈을 끼울 때 끝을 집어서 고정한 상태에서 끼우는 도구.

재봉틀 바늘과 실

재봉틀 바늘과 봉제실은 사용할 원단에 적합한 것을 골라야 바늘땀이 깔끔하게 나옵니다. 바늘은 숫자가 클수록 굵고 작을수록 가늘어집니다. 실은 숫자가 클수록 가늘고 작을수록 굵어집니다. 원단의 두께와 소재에 따라 구분하여 사용합니다.

실 색깔 맞추기

기본적으로는 바늘땀이 눈에 띄지 않도록 원단과 실의 색깔을 맞추지만 절대적인 것은 아닙니다. 스티치를 살리고 싶을 때는 일부러 눈에 띄는 색이나 굵기의 실로 바꿔서 포인트 효과를 줘도 OK입니다.

원단 종류(기준)	재봉틀 바늘	봉제실
얇은 원단 (면 론, 보일 등)	9~11호	90번
중간 두께 원단 (코튼, 리넨, 나일론, 얇은 데님, 얇은 울 등)	11~14호	60번
두꺼운 원단 (데님, 울, 트위드 등)	14~16호	30~60번

연한 색 원단

원단 위에 견본첩의 실을 겹쳐 보고 가장 가까운 색을 고릅니다. 딱 맞는 색이 없을 때는 밝은 색을 고르면 바늘땀이 눈에 띄지 않습니다.

진한 색 원단

원단 위에 견본첩의 실을 겹쳐 보고 가장 가까운 색을 고릅니다. 딱 맞는 색이 없을 때는 어두운 색을 고르면 바늘땀이 눈에 띄지 않습니다.

무늬 있는 원단

무늬에 가장 많이 사용된 색을 고릅니다. 그러면 무늬와 어울려서 바늘땀이 눈에 띄지 않습니다.

원단

원단 선택은 실루엣이나 디자인을 결정하는 데 있어서 아주 중요합니다. 원단의 종류와 특징을 잘 이해하여 작품을 이미지대로 만들어 봅시다.

원단의 명칭

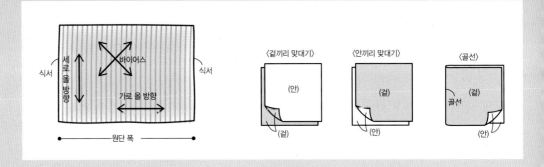

원단의 준비

[선세탁]

세탁했을 때 줄어드는 원단은 재단하기 전에 물에 담가서 미리 수축시킵니다. 단, 물에 담그면 색이 빠지거나 감촉이 변하는 소재, 화학섬유, 실크는 선세탁을 하지 않습니다.

[올 바로잡기]

날실과 씨실이 일그러지지 않고 직각으로 교차한 상태가 되도록 정리하는 것을 '올 바로잡기'라고 합니다.

● **면**(코튼)·**마**(리넨)

  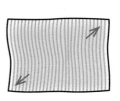 

1 병풍 모양으로 접은 원단을 물을 충분히 받아서 하룻밤 담가 둡니다.

2 물기를 살짝 짜고 원단의 올 방향을 정리하여 그늘에서 말립니다.

3 완전히 마르기 전에 올 방향이 직각이 되도록 당겨서 정리합니다.

4 축축한 상태에서 올 방향을 따라서 원단 안쪽에서 다려 줍니다.

● **화학섬유**

선세탁과 올 바로잡기를 할 필요가 없습니다. 주름이 신경 쓰이면 낮은 온도로 다려서 살짝 주름을 펴 둡니다.

● **견**(실크)

선세탁은 하지 않고 낮은 온도로 다려서 올 방향을 정리합니다.

● **울**

원단 전체에 물을 분무하여 습기를 주고, 수분 증발을 막기 위해 큰 비닐봉지에 넣어 하룻밤 놔둡니다. 원단을 봉지에서 꺼내 원단 안쪽에서 낮은 온도로 다려서 올 방향을 정리합니다. 감촉이 나빠지지 않도록 덧천을 대거나 다리미를 원단에서 조금 띄우는 식으로 조정하며 다립니다.

원단의 종류 ※ 샘플 원단은 10㎝×10㎝ 크기

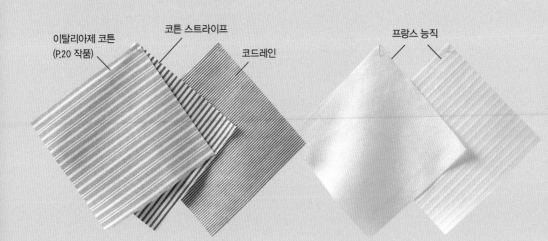

모두 셔츠에 적합한 면 100% 원단이다. 봉제와 재단이 쉬워서 셔츠에 많이 쓰인다. 실의 번수가 가늘어질수록 감촉이 부드러워서 고급스러운 드레스셔츠에 최적. 프랑스 능직은 오른쪽 방향으로 올라가는 골이 특징이다. 그 밖에 브로드클로스나 옥스퍼드도 셔츠 원단으로 좋다.

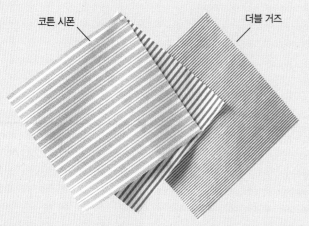

코튼 시폰　　더블 거즈

부드럽고 땀 흡수가 뛰어난 소재로 평상복이나 속옷에도 많이 쓰인다. 캐주얼셔츠나 여름용 블라우스에 적합하다.

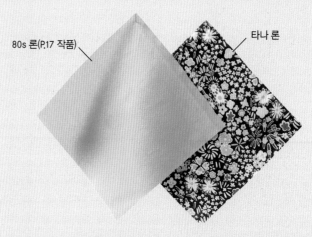

80s 론(P.17 작품)　　타나 론

조금 비치는 느낌이 있는 얇은 평직 원단으로 다루기도 쉽다. 실크 같은 광택과 매끄러움이 있어서 여름용 셔츠나 블라우스, 우아한 원피스에도 적합하다.

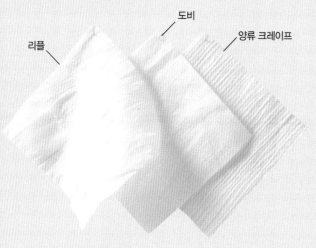

리플　　도비　　양류 크레이프

면 100% 원단. 표면에 요철이 있기 때문에 피부에 닿는 면이 적어 시원한 느낌이 든다. 여름옷에 사용하면 쾌적하다.

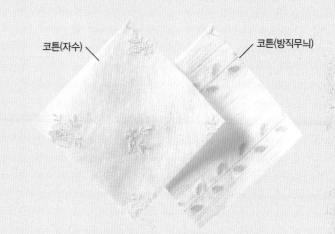

코튼(자수)　　코튼(방직무늬)

자수나 방직무늬로 변화를 준 면 100% 평직 원단. 우아한 이미지라서 여성스러운 분위기를 내고 싶을 때 이용한다.

레이온 큰 무늬 프린트　　코튼 멀티스트라이프

큰 무늬 프린드는 개성적인 인상을 준다. 주머니 등에 포인트로 사용해도 좋다. 무늬를 맞춰야 하거나 방향이 있는 원단은 재단할 때 주의해야 한다.

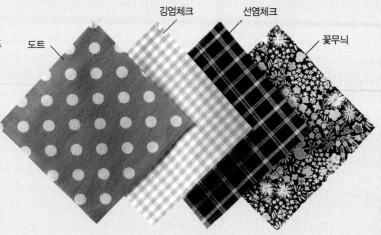

도트　　깅엄체크　　선염체크　　꽃무늬

평직 면 100%의 기본 무늬. 색과 무늬가 다양하고 계절에 상관없이 셔츠나 블라우스에 모두 사용하기 좋은 원단이다.

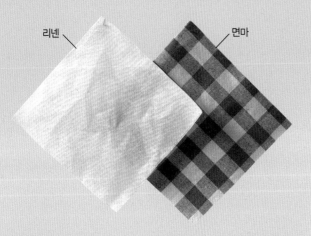

리넨   면마

리넨은 아마를 원료로 하여 짠 원단으로 두께도 다양하다. 강도와 흡수성이 뛰어나고 촉감도 부드럽지만 주름이 잘 생긴다. 면 혼방이면 주름이 덜 지고 재단이나 봉제하기도 쉽다.

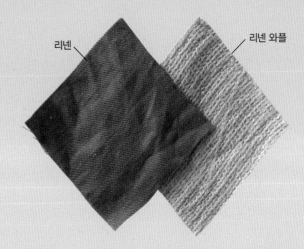

리넨   리넨 와플

사선으로 무늬가 생기게 직조한 원단은 올 방향이 움직이기 쉬워서 재단이나 봉제하기가 어렵다. 리넨 특유의 매끈한 느낌을 살린 셔츠 등에 적합하다.

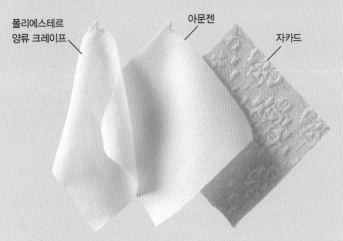

폴리에스테르 양류 크레이프   아문젠   자카드

기성복에서 많이 볼 수 있는 화학섬유 원단으로 봉제에 능숙한 사람에게 적합하다. 양류 크레이프는 세로 방향으로 가는 골이 있다. 아문젠은 지리멘처럼 요철이 있고 배 껍질처럼 표면이 까슬까슬하다. 자카드는 자카드 직조기를 이용하여 씨실과 날실로 큰 무늬가 나타나게 짠 원단이다.

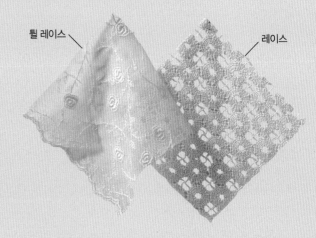

튈 레이스   레이스

튈 레이스는 가는 그물망 상태의 원단에 수를 놓은 것. 케미컬 레이스는 수를 놓은 원단을 화학 처리하여 원단만 녹여서 만든 레이스다. 부드럽고 우아한 느낌을 준다. 스캘럽을 살려서 디자인할 수 있는 것도 레이스 원단의 매력이다.

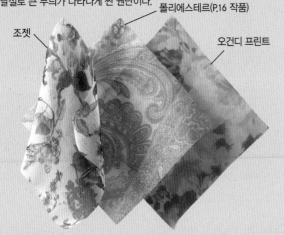

폴리에스테르(P.16 작품)
조젯   오건디 프린트

얇은 평직 화학섬유 원단 세 종류. 왼쪽이 제일 부드럽고 오른쪽으로 갈수록 힘이 있고 단단하다. 드레이프성이 높은 왼쪽의 조젯과 가운데의 폴리에스테르는 개더나 플레어에 적합하다. 오른쪽의 오건디는 평면 패턴이나 다트가 있는 디자인에 어울린다.

크레이프 드 신

고급스러운 광택과 드레이프성이 있는 평직 원단으로 주름이 잘 지지 않는다. 보타이 블라우스나 개더가 들어간 드레시한 디자인에 적합하다. 셔츠에 이용하면 아래로 툭 떨어지는 느낌이 나서 평소와는 다른 느낌의 옷을 만들 수 있다.

실크 새틴
(P.19 작품)

실크 프린트

인도 실크

바느질이 익숙해지면 한 벌쯤 만들어 보고 싶어지는 견 소재. 견(실크)은 천연섬유 중 동물섬유의 하나로 흡방습성과 보온성이 뛰어나다. 아름다운 드레이프성을 살린 어른의 특별한 아이템에 적합한 소재다.

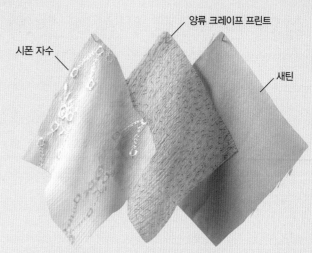

시폰 자수

양류 크레이프 프린트

새틴

실크 소재로 부드러운 느낌의 원단 세 종류. 우아한 광택과 부드러운 감촉이 특징이다. 여성스러운 실루엣의 디자인에 적합하다.

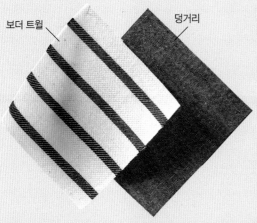

보더 트윌

덩거리

면 100%의 조금 두꺼운 원단. 중간 두께 원단보다 좀 더 두툼해서 봉제실은 30~60번을 사용한다. 캐주얼셔츠 등에 적합. 보더 원단은 재단할 때 무늬 맞추기가 필요하다.

트윌 프린트

건클럽체크
(P.18 작품)

가을·겨울용 디자인에 적합한 원단. 면 100%인 트윌은 능직 원단이라 감촉이 좋고 주름도 잘 생기지 않는다. 건클럽체크 원단은 폴리에스테르와 레이온 혼방이라서 튼튼하면서도 가볍고 울 같은 느낌이 난다.
소재 제공/ 기요하라 주식회사(건클럽체크: TAF—03 BK)

기모 체크

플라노

다루기 쉽고 바느질하기도 쉬운 얇은 울 원단. 기모 소재라서 겨울옷에 가장 적합하다. 플라노는 플란넬이라고도 부르는 방모 직물의 일종이다.

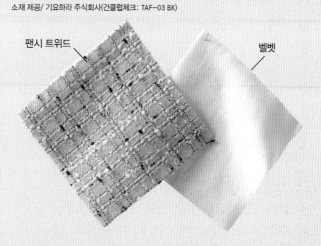

팬시 트위드

벨벳

가을·겨울 아이템에 사용한다. 트위드는 굵은 양모사로 거칠게 싼 두꺼운 원단이다. 벨벳은 파일직의 일종으로 광택이 있다. 플라노보다 두께가 있어서, 걸쳐 입는 오버블라우스나 개더가 없는 디자인에 적합하다.

실제 원단으로 만들어 보자

Parts

7부 소매 플레어 P.68

보트넥 P.82

몸판 기본 P.58

Back

Sample 1

플레어소매를 단 보트넥 블라우스

기본 몸판에 플레어 7부 소매를 달았습니다. 보트넥이라서 목
둘레가 날씬해 보입니다. 가벼운 화학섬유 소재나 얇은 코튼을
사용하면 소매의 드레이프가 잘 살아납니다. 옷 길이를 그대로
늘여서 튜닉으로 변형해도 좋습니다.

How to make   P.90

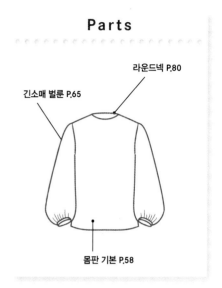

Parts

긴소매 벌룬 P.65

라운드넥 P.80

몸판 기본 P.58

Back

Sample 2

벌룬 소매를 단 라운드넥 블라우스

소맷부리에 부피감이 있는 벌룬 소매에는 면론이나 화학섬유
처럼 얇고 부드러운 소재나 조금 힘이 있는 원단이 좋습니다.
두꺼운 원단이나 무거운 원단은 주름을 고르게 잡기 어려워서
소맷부리가 봉긋하게 만들어지지 않습니다.

How to make　P.93

Parts

긴소매 소매산 턱 P.66

라운드칼라 P.84

몸판 가슴 다트 P.59

Sample 3

배색천을 사용한 라운드칼라 블라우스

가슴 다트를 넣은 기본 몸판에 통이 좁은 소매를 달았습니다.
화학섬유나 코튼 등 중간 두께 원단으로 만들면 재킷 같은 느
낌이 나서 오버블라우스로도 입을 수 있습니다. 배색천으로 만
든 칼라와 단추에 짙은 색을 써서 전체를 정돈된 느낌으로 마
무리했습니다.

How to make   P.96

소재 제공_기요하라 주식회사(체크무늬 원단: TAF-03-BK)

Side

Parts

보타이 P.85

긴소매 소매산·소맷부리 개더
(커프스 변형) P.64

몸판 요크+개더 P.62

Cuffs

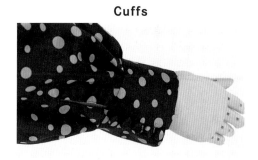

Back

Sample 4

보타이를 단 실크 새틴 블라우스

몸판에도 소매에도 주름을 듬뿍 잡은 블라우스는 실크 새틴으
로 만들어서 느낌이 고급스럽습니다. 커프스 길이를 길게 하고
자그마한 싸개단추를 여러 개 달아서 포인트를 주었습니다. 주
름이 잘 지지 않는 화학섬유 원단으로 만들어도 좋습니다.

How to make　P.99

Parts

숨김단 P.35

받침칼라가 달린 셔츠칼라
(각진 모양) P.36

몸판 요크(가운데 맞주름) P.29

스퀘어 커프스
(소맷부리: 덧단 트임, 턱) P.42

Side

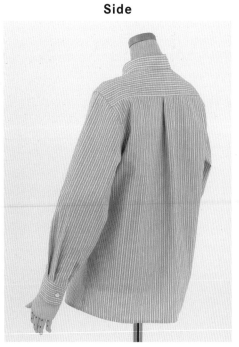

Sample 5

숨김단 베이직 셔츠

요크 절개선을 넣은 기본적인 셔츠를 숨김단으로 처리하여 차이를 주었습니다. 대표적인 흰색 민무늬 원단은 물론이고 가는 줄무늬나 깅엄체크 원단도 괜찮습니다. 단정한 느낌을 주는 셔츠라서 직장에서나 편안한 자리에서나 어디서든 입을 수 있습니다.

How to make   P.103

Shirt 셔츠

셔츠는 원래 남성용 속옷으로, 양복이나
재킷 같은 겉옷의 더러움이 옮겨지는 것을 막기 위해 만들어졌습니다.
튼튼한 면 소재가 주류이며, 앞트임에 칼라와 커프스가 달려 있는 것을
일반적으로 셔츠라고 부릅니다.

셔츠 코너에서는 마음에 드는 칼라나 커프스를 골라서
자유롭게 바꿔 달 수 있는 공통 몸판과 소매 패턴을 실었습니다.
각 부분의 해설을 보고 자신의 취향에 맞는 셔츠를 만들어 보세요.

셔츠 조합표

셔츠의 몸판과 소매는 공통이기 때문에 실루엣에 변화는 없지만 칼라, 앞여밈단, 커프스 등으로 변화를 줄 수 있습니다.
일부를 제외하면 어느 부분이나 조합이 가능합니다. 모습을 떠올리기 쉽도록 군데군데 일러스트를 넣었습니다.

	요크 앞판 어깨선 아래에 절개선이 보인다	● 뒤판 요크 P.28	요크(가운데 맞주름) P.29	요크(양쪽 주름) P.30	요크(개더) P.31	● 주머니 사각 P.46	오각
받침칼라가 달린 셔츠칼라(각진 모양) P.36		○	○	○	○		
받침칼라가 달린 셔츠칼라(둥근 모양) P.37		○	○	○	○		
스탠드칼라 ❶ P.38		○	○	○	○		
스탠드칼라 ❷ P.39		○	○	○	○		
오픈칼라 P.40		○	○	○	○		

● 긴소매
소매는 공통이고 커프스나 소맷부리의 턱(개더)으로 변화를 준다. 그림은 앞에서 본 긴소매의 실루엣.

● 반소매
소매는 공통. 그림은 앞에서 본 반소매의 실루엣.

● 앞여밈단

긴소매	스퀘어 커프스 P.42	라운드 커프스 P.43	턴업 커프스 P.44	반소매	한 번 접기 P.32	두 번 접기 P.33	숨김단 P.35	두 번 접기 P.34
기본(긴소매) P.24	○	○	○	기본(반소매) P.25	○	○	○	○
	○	○	○		○	○	○	○
	○	○	○		○	○	○	○
	○	○	○		○	○	× ※ 숨김단의 시접이 겹쳐서 칼라 사이에 끼우기가 어렵다	△ ※ 앞여밈단의 만드는 법에 따라 조건부로 가능
	○	○	△ ※ 우아한 느낌의 커프스에 캐주얼한 오픈칼라는 언밸런스		×	×	×	×

※ 앞판 끝선의 일부는 몸판과 이어지는 칼라가 되니까 앞여밈단으로 만들면 봉제선이나 솔기가 칼라에 영향을 주므로 피한다. 안단으로 처리하는 것이 가장 좋다.

기본 셔츠(긴소매)

기본 몸판에 받침칼라가 달린 셔츠칼라, 소맷부리에 턱을 넣은 소매를 조합한 기본 셔츠.
몸의 라인을 아름답게 보여 주는 단정한 느낌의 실루엣입니다.

Front   Side   Back

Pattern

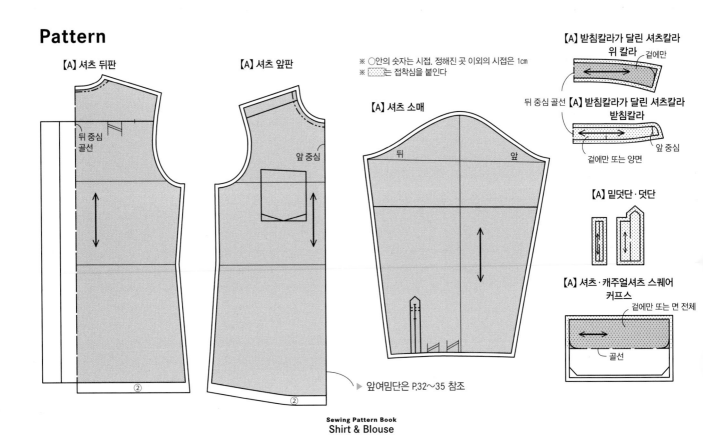

【A】셔츠 뒤판

뒤 중심
골선

【A】셔츠 앞판

앞 중심

②

※ ○안의 숫자는 시접. 정해진 곳 이외의 시접은 1cm
※ ▨▨▨는 접착심을 붙인다

【A】셔츠 소매

뒤   앞

▶ 앞여밈단은 P.32~35 참조

【A】받침칼라가 달린 셔츠칼라
위 칼라
겉에만

뒤 중심 골선 【A】받침칼라가 달린 셔츠칼라
받침칼라

앞 중심
겉에만 또는 양면

【A】밑덧단·덧단

【A】셔츠·캐주얼셔츠 스퀘어
커프스
겉에만 또는 면 전체

골선

기본 셔츠(반소매)

기본 반소매 셔츠. 소매 이외에는 기본(긴소매)와 공통입니다.

Front	Side	Back

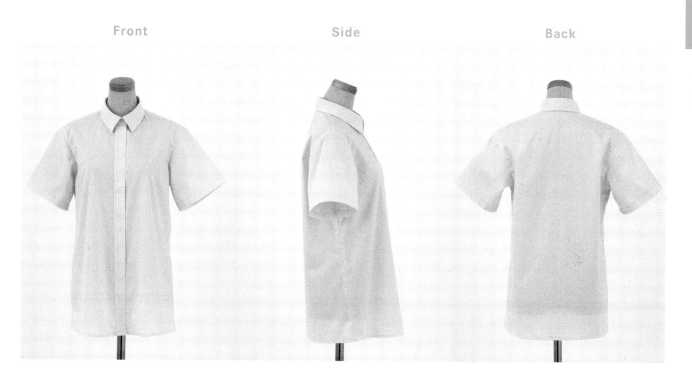

Pattern

※ ○안의 숫자는 시접. 정해진 곳 이외의 시접은 1cm
※ 소매 이외에는 P.24 긴소매와 공통

【A】 셔츠 소매

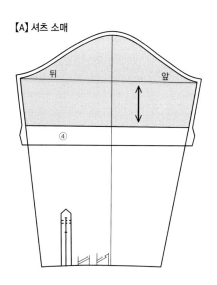

one
point 밑단을 곡선으로 변형

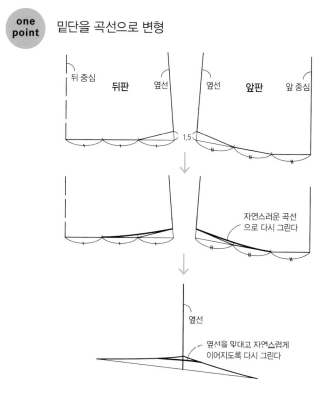

뒤 중심 뒤판 옆선 옆선 앞판 앞 중심

1.5

자연스러운 곡선
으로 다시 그린다

옆선

옆선을 맞대고 자연스럽게
이어지도록 다시 그린다

캐주얼셔츠(긴소매)

기본 셔츠보다 넉넉하게 여유를 준 캐주얼한 긴소매 셔츠. 요크 절개선을 넣었습니다.
격식을 차리지 않은 옷차림에 어울립니다.

Front　　　　　　　　　Side　　　　　　　　　Back

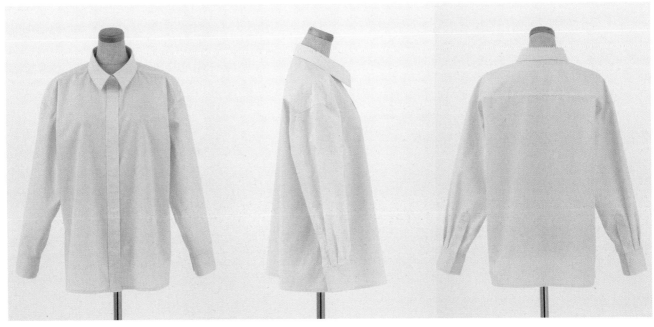

Pattern

▶ ▶ ▶ P.27로 이어진다

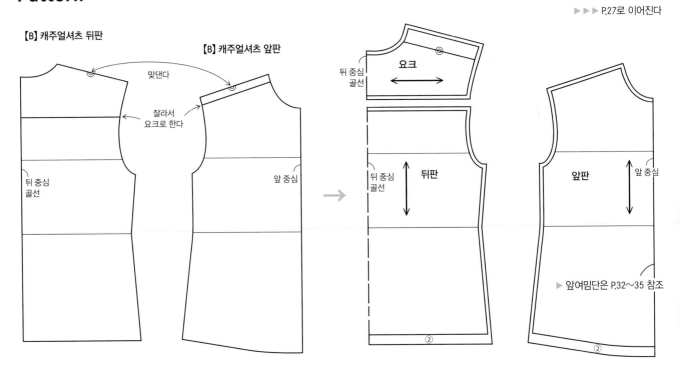

【B】캐주얼셔츠 뒤판
【B】캐주얼셔츠 앞판

맞댄다

잘라서
요크로 한다

뒤 중심
골선

앞 중심

요크

뒤 중심
골선

뒤 중심
골선

뒤판

앞판

앞 중심

▶ 앞여밈단은 P.32~35 참조

②　　　②

캐주얼셔츠(반소매)

캐주얼한 반소매 셔츠. 소매 이외에는 캐주얼셔츠(긴소매)와 공통입니다.

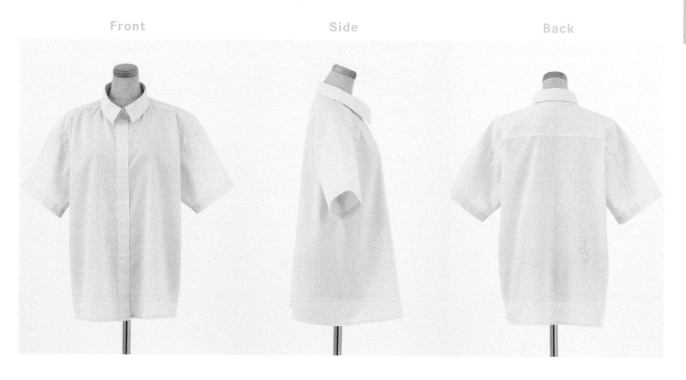

Front   Side   Back

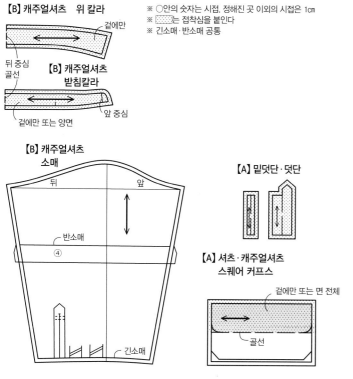

【B】캐주얼셔츠 위 칼라

겉에만

뒤 중심
골선

【B】캐주얼셔츠
받침칼라

겉에만 또는 양면   앞 중심

【B】캐주얼셔츠
소매

뒤   앞

반소매
④

긴소매

※ ○안의 숫자는 시접. 정해진 곳 이외의 시접은 1㎝
※ ▨는 접착심을 붙인다
※ 긴소매·반소매 공통

【A】밑덧단·덧단

【A】셔츠·캐주얼셔츠
스퀘어 커프스

겉에만 또는 면 전체

골선

---

one point

앞판을 골선으로 재단하여
뒤집어서 입는 셔츠로 변형

【B】캐주얼셔츠 앞판

앞 중심
약 20
트임 끝 지점
골선

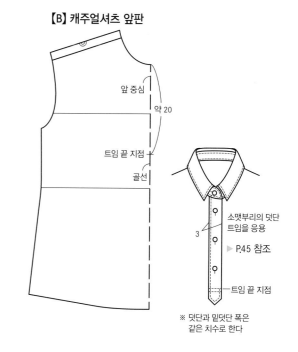

소맷부리의 덧단
트임을 응용

▶ P.45 참조

3

트임 끝 지점

※ 덧단과 밑덧단 폭은
같은 치수로 한다

Sewing Pattern Book
Shirt & Blouse

요크

24쪽 기본 몸판에 요크를 넣은 실루엣. 절개선을 넣으면 디자인의 폭이 넓어집니다.

Front   Back

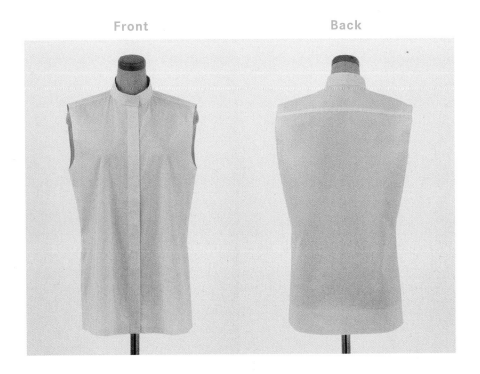

Pattern

※ ○안의 숫자는 시접. 정해진 곳 이외의 시접은 1㎝

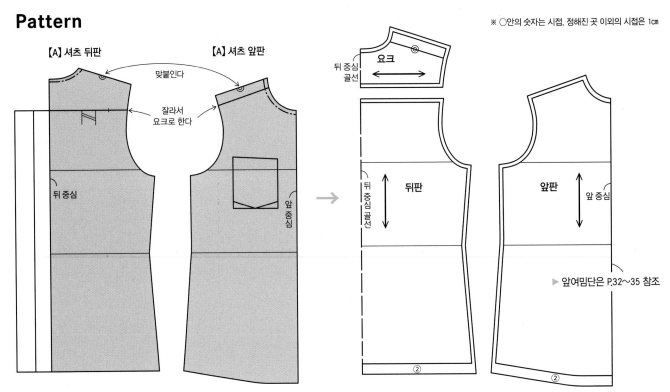

【A】셔츠 뒤판   【A】셔츠 앞판

맞붙인다

잘라서
요크로 한다

뒤 중심

앞 중심

요크

뒤 중심
골선

뒤 중심
골선

뒤판

앞판

앞 중심

▶ 앞여밈단은 P.32~35 참조

뒤판의 변형

요크(가운데 맞주름)

28쪽의 뒤판을 변형하여 뒤 중심에 맞주름을 잡았습니다.

Back

Pattern

※ ○안의 숫자는 시접. 정해진 곳 이외의 시접은 1㎝
※ 앞판과 요크는 P.28과 공통

【A】 셔츠 뒤판

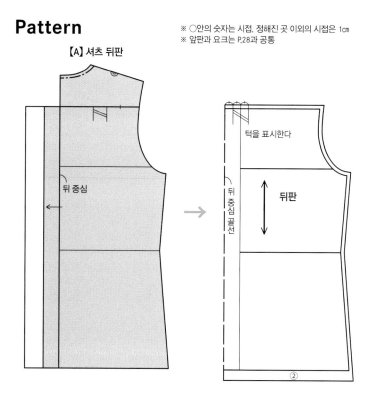

뒤 중심

턱을 표시한다

뒤 중심 골선

뒤판

②

---

one point 턱 접는 법

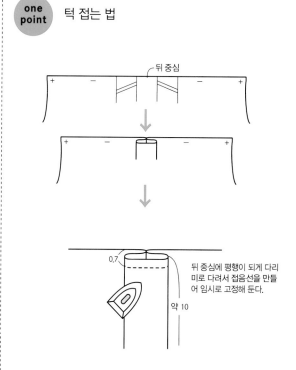

뒤 중심

0.7

뒤 중심에 평행이 되게 다리미로 다려서 접음선을 만들어 임시로 고정해 둔다.

약 10

요크(양쪽 주름)

28쪽의 뒤판을 변형하여 양 옆에 턱을 넣었습니다.

Back

Pattern

※ ○안의 숫자는 시접. 정해진 곳 이외의 시접은 1cm
※ 앞판은 P.28과 공통

【A】 셔츠 뒤판

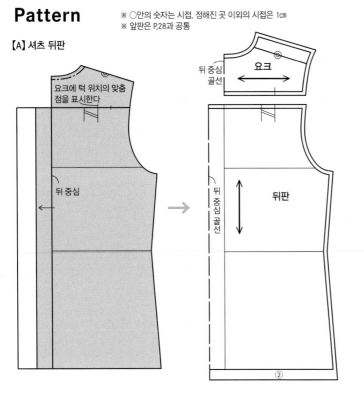

요크에 턱 위치의 맞춤
점을 표시한다

뒤 중심
골선

요크

뒤 중심

뒤 중심 골선

뒤판

②

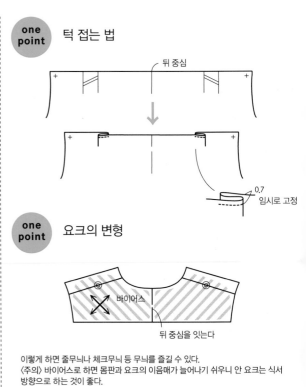

one point 턱 접는 법

뒤 중심

0.7
임시로 고정

one point 요크의 변형

바이어스

뒤 중심을 잇는다

이렇게 하면 줄무늬나 체크무늬 등 무늬를 즐길 수 있다.
〈주의〉 바이어스로 하면 몸판과 요크의 이음매가 늘어나기 쉬우니 안 요크는 식서
방향으로 하는 것이 좋다.

뒤판의 변형
요크(개더)

28쪽의 뒤판을 변형하여 개더를 넣었습니다.

Back

Pattern

※ ○안의 숫자는 시접. 정해진 곳 이외의 시접은 1cm
※ 앞판은 P.28과 공통

【A】셔츠 뒤판

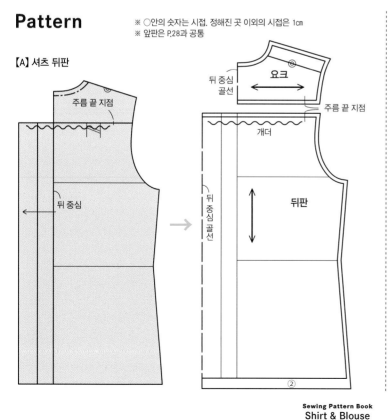

주름 끝 지점

뒤 중심

뒤 중심 골선

요크

주름 끝 지점

개더

뒤 중심 골선

뒤판

②

---

  one point 　주름 잡는 법

1. 박기 시작할 때와 마칠 때 실을 10cm 정도 남기고, 큰 땀으로 2줄 박는다.

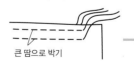

큰 땀으로 박기

2. 윗실 2줄을 같이 잡고 동시에 당겨서 주름을 고르게 잡는다.

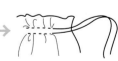

큰 땀으로 박는 법

완성선 위아래에 박는다

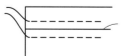

완성선을 사이에 두고 실로 눌러 주니까 주름이 잘 고정된다. 본바느질을 한 뒤에 큰 땀으로 박은 실을 뽑아야 한다.

시접 안에 박는다

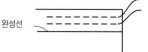

완성선

시접 안에만 주름이 잡히므로 턱처럼 될 때가 있다. 큰 땀으로 박은 실을 뽑지 않아도 되며, 바늘구멍이 눈에 띄는 원단에 적합하다

한 번 접기

앞여밈단을 안단으로 처리한 타입. 한 번만 접어서 두께를 줄인 것이 포인트. 안단 부분에는 접착심을 붙여서 보강합니다.

Front

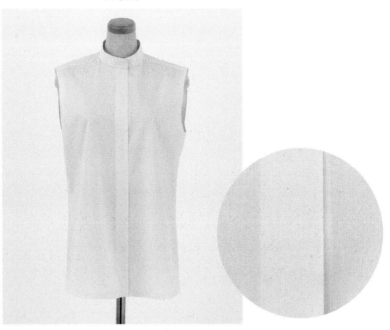

Pattern

※ ○안의 숫자는 시접. 정해진 곳 이외의 시접은 1cm
※ ▨는 접착심을 붙인다
※ 오른쪽 앞판·왼쪽 앞판 공통

【A】 셔츠 앞판

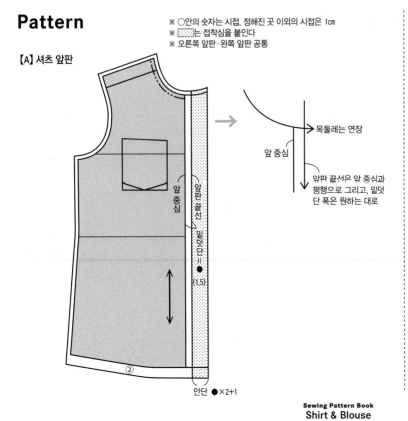

목둘레는 연장

앞 중심

앞판 끝선은 앞 중심과 평행으로 그리고, 밑덧단 폭은 원하는 대로

앞 중심

앞판·끝선
밑덧단 ─┤

(1.5)

② 안단 ●×2+1

one point 만드는 법

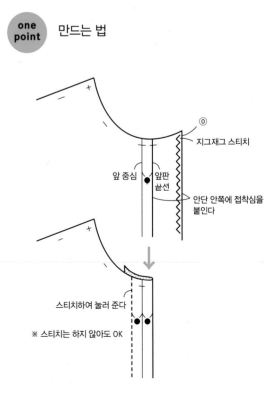

지그재그 스티치

앞 중심 앞판 끝선

안단 안쪽에 접착심을 붙인다

스티치하여 눌러 준다

※ 스티치는 하지 않아도 OK

앞여밈단의 변형

두 번 접기

완전 두 번 접기한 표준적인 앞여밈단. 두께가 고르기 때문에 바느질하기 쉬워서 초보자에게도 추천합니다.
시접이 비쳐 보이는 것이 신경 쓰일 때도 이용합니다.

Front

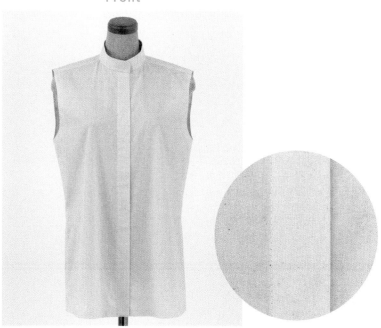

Pattern

※ ○안의 숫자는 시접. 정해진 곳 이외의 시접은 1cm
※ 오른쪽 앞판·왼쪽 앞판 공통

【A】셔츠 앞판

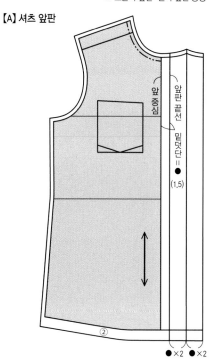

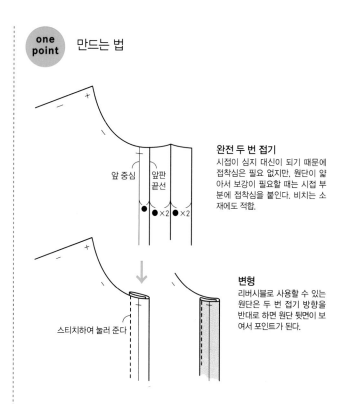

one point 만드는 법

완전 두 번 접기
시접이 심지 대신이 되기 때문에 접착심은 필요 없지만, 원단이 얇아서 보강이 필요할 때는 시접 부분에 접착심을 붙인다. 비치는 소재에도 적합.

스티치하여 눌러 준다

변형
리버시블로 사용할 수 있는 원단은 두 번 접기 방향을 반대로 하면 원단 뒷면이 보여서 포인트가 된다.

3패턴

보이는 모습은 똑같지만 만드는 법이 다른 세 가지 패턴을 소개합니다.
A는 턱 사이에 가장자리를 끼우는 타입이고 B와 C는 다른 원단(앞여밈단)으로 처리합니다.

Front

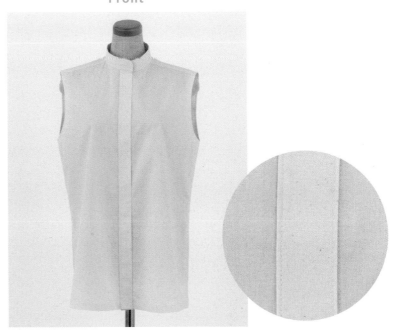

Pattern

※ ○안의 숫자는 시접. 정해진 곳 이외의 시접은 1㎝
※ ▨▨는 접착심을 붙인다

【A】 셔츠 앞판

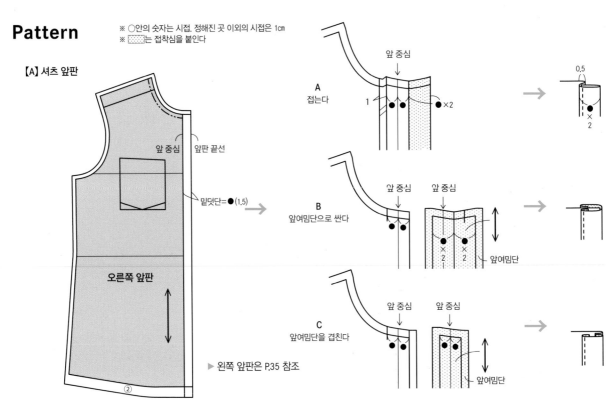

앞 중심   앞판 끝선

밑덧단=●(1.5)

앞 중심

오른쪽 앞판

▶ 왼쪽 앞판은 P.35 참조

A
접는다   1   ×2   0.5   ×2

B
앞여밈단으로 싼다   앞 중심   앞 중심   ×2   ×2   앞여밈단

C
앞여밈단을 겹친다   앞 중심   앞 중심   앞여밈단

②

앞여밈단의 변형
숨김단

위로 오는 앞판 끝을 주름처럼 이중으로 접어서 히든버튼으로 처리한 숨김단.
얇은 원단은 단추가 비치므로 주의가 필요합니다.

Front

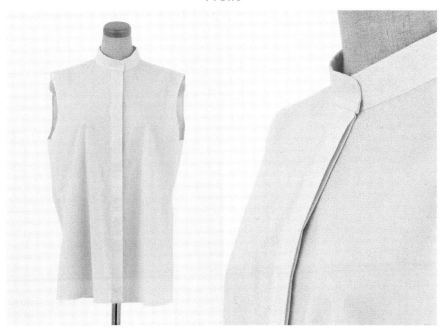

Pattern

※ ○안의 숫자는 시접. 정해진 곳 이외의 시접은 1㎝
※ ▨는 접착심을 붙인다

【A】 셔츠 앞판

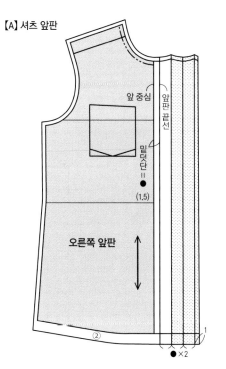

앞 중심
앞판 끝선
밑덧단 =
● (1,5)
오른쪽 앞판
②
1
● ×2

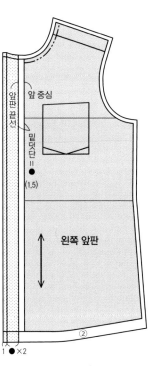

앞판 끝선
앞 중심
밑덧단 =
● (1,5)
왼쪽 앞판
②
1 ● ×2

one point 만드는 법

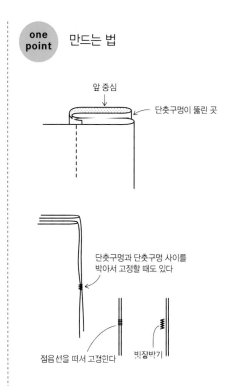

앞 중심
단춧구멍이 뚫린 곳

단춧구멍과 단춧구멍 사이를
박아서 고정할 때도 있다

점음 선을 떠서 고정한다   빗장박기

받침칼라가 달린 셔츠칼라(각진 모양)

셔츠의 기본 스타일인 받침칼라가 달린 셔츠칼라.
받침칼라와 위 칼라 두 부분으로 구성된 패턴이며 틀이 잡힌 모양을 유지하려면 접착심이 필수입니다.

Front   Side   Back

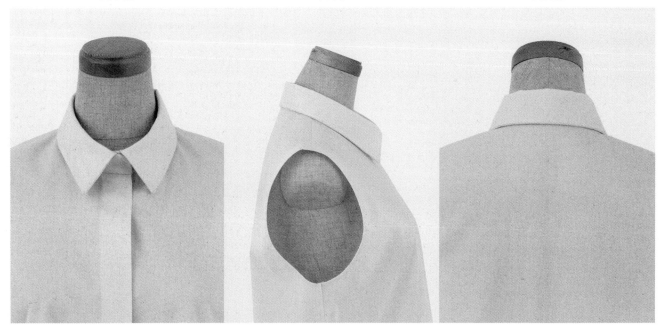

Pattern

※ 시접은 1cm
※ ⬚는 접착심을 붙인다

【A】받침칼라가 달린 셔츠칼라 위 칼라

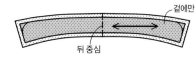

겉에만
뒤 중심

【A】받침칼라가 달린 셔츠칼라 받침칼라

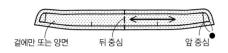

겉에만 또는 양면   뒤 중심   앞 중심

【A】셔츠 뒤판   【A】셔츠 앞판

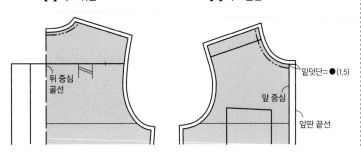

뒤 중심
골선

밑덧단=●(1.5)
앞 중심
앞판 끝선

one point 칼라를 깔끔하게 만드는 포인트
(위 칼라 · 받침칼라 공통)

1. 완성선을 그린다
접착심을 붙였으면 완성선을 그리고
그 위를 꼼꼼하게 박는다.

(안)

2. 바늘땀을 촘촘하게
조금 어긋난 부분이 완성도에 영향을 줌으로 바늘땀을 작게 해
서 박는다. 특히 곡선 부분은 완성선 위를 벗어나지 않도록 신
중하게 박는다.

3. 모서리에 바늘을 꽂지 않는다
모서리에 바늘을 꽂으면 칼라를 겉으로 뒤집었을 때 모서리가
뭉툭해지기 때문에 모서리를 건너뛰고 바늘 방향을 바꾼다.

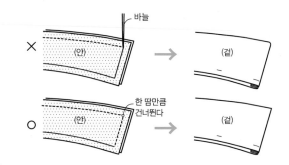

바늘
×   (안) → (겉)
한 땀만큼
건너뛴다
○   (안) → (겉)

받침칼라가 달린 셔츠칼라(둥근 모양)

36쪽의 칼라와 공통이며 위 칼라의 끝을 둥글게 변형했다. 칼라가 곡선이 되면서 부드러운 인상을 준다.

Front   Side   Back

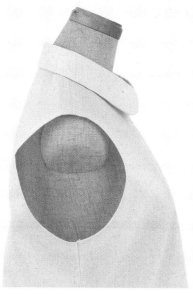

Pattern

※ 시접은 1cm
※ ▨▨▨는 접착심을 붙인다
※ 앞·뒤판, 받침칼라는 P.36과 공통

【A】 받침칼라가 달린 셔츠칼라 위 칼라

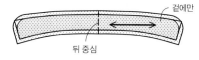

겉에만

뒤 중심

---

one point 위 칼라의 변형

칼라 끝을 둥글리거나 원단 올 방향만 바꿔도 느낌이 달라진다. 몸판을 무늬 원단으로 하고 칼라를 민무늬로 만들어도 좋다.

뒤 중심 골선

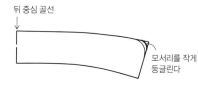

모서리를 작게 둥글린다

완만한 곡선   2~2.3

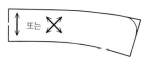

또는

스탠드칼라 ❶

칼라를 앞판 끝선까지 연장하여 앞 중심에서 겹치는 타입의 스탠드칼라.
직사각형에 살짝 경사를 준 가늘고 긴 패턴입니다.

Front   Side   Back

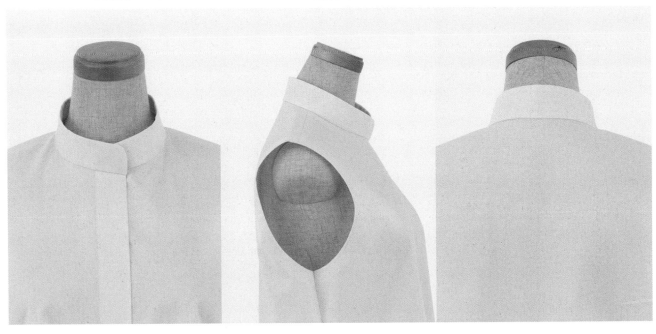

Pattern

※ 시접은 1cm
※ ░는 접착심을 붙인다

【A】 스탠드칼라 ①

겉에만 또는 양면   뒤 중심   앞 중심 ●

【A】 셔츠 뒤판   **【A】 셔츠 앞판**

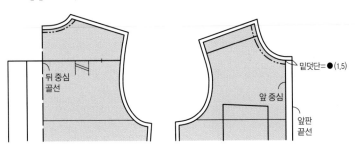

뒤 중심
골선

밑덧단=●(1.5)

앞 중심

앞판
끝선

---

one point   **칼라의 조정**

칼라가 조금 높게 느껴지면……

전체를 낮춘다

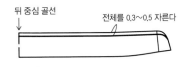

뒤 중심 골선   전체를 0.3~0.5 자른다

칼라 끝만 낮춘다

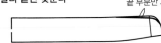

끝 부분만 자른다

스탠드칼라 ❷

앞 중심에서 칼라가 맞닿는 타입의 스탠드칼라.
38쪽의 칼라와 비슷하지만 목둘레를 조금 넓게 만들었습니다.

Front	Side	Back

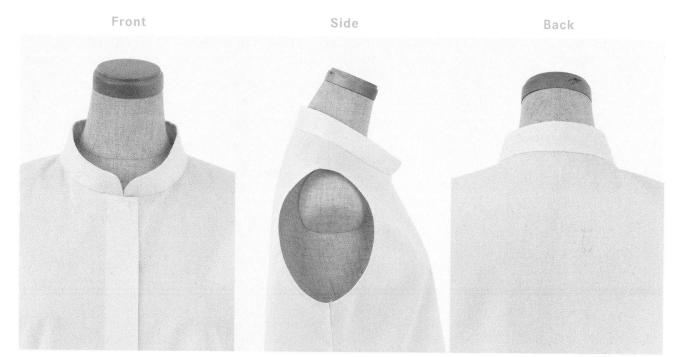

Pattern

※ 시접은 1cm
※ ▨는 접착심을 붙인다

【A】스탠드칼라 ②

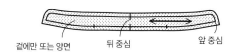

겉에만 또는 양면   뒤 중심   앞 중심

【A】셔츠 뒤판   **【A】셔츠 앞판**

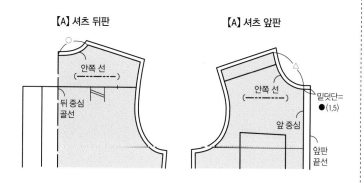

안쪽 선
(————)

뒤 중심
골선

안쪽 선
(— · — · —)

앞 중심

밑덧단=
●(1.5)

앞판
끝선

one point   **칼라의 변화**

작품의 칼라   0.2   1
3   0.2
○+△   1

직선으로   0.5
3
○+△

칼라가 일어선다

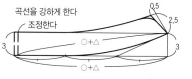

곡선을 강하게 한다   0.5
조정한다   2.5
3   ○+△   3
○+△

오른쪽

경사가 급해지고 칼라 다는 치수가 길어지기
때문에 뒤 중심에서 칼라 다는 치수(○+△)를
조정한다. 목을 따라간다.

오픈칼라

가슴 쪽이 열린 상태의 칼라. 넥타이를 매지 않고 입는 셔츠이며 대표적으로 알로하셔츠가 있습니다.

Front	Side	Back

Pattern

※ ○안의 숫자는 시접. 정해진 곳 이외의 시접은 1cm
※ ▨는 접착심을 붙인다

【A】오픈칼라

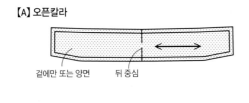

겉에만 또는 양면   뒤 중심

【A】셔츠 뒤판

안쪽 선
(← -)

뒤 중심
골선

【A】셔츠 앞판

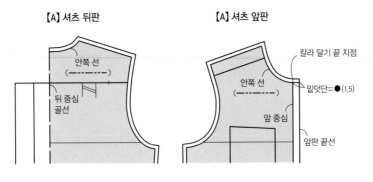

안쪽 선
(← -)

앞 중심

칼라 달기 끝 지점

밑덧단=●(1.5)

앞판 끝선

one point
몸판의 칼라 접는 선을 정한다

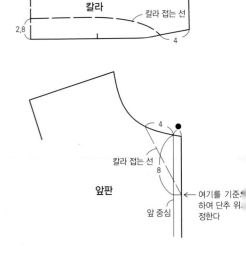

칼라

칼라 접는 선

2.8

4

4 ●

칼라 접는 선

8

앞판

앞 중심

← 여기를 기준
하여 단추 위
정한다

▶ ▶ ▶ P.41 윗단으로 이어진다

one point 안단을 만든다

1. 앞판 끝선을 골선으로 재단한다

2. 안단을 따로 재단한다

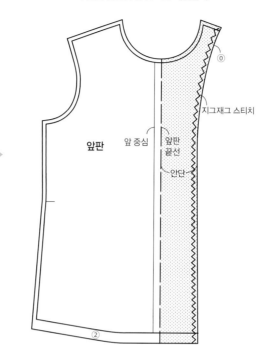

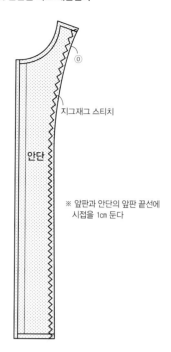

3.5

8

6

앞판   앞 중심   앞판 끝선

6

앞판   앞 중심   앞판 끝선   안단

지그재그 스티치

0

②

안단

지그재그 스티치

0

※ 앞판과 안단의 앞판 끝선에 시접을 1cm 둔다

one point 캐주얼셔츠를 오픈칼라로 변형

칼라의 제도

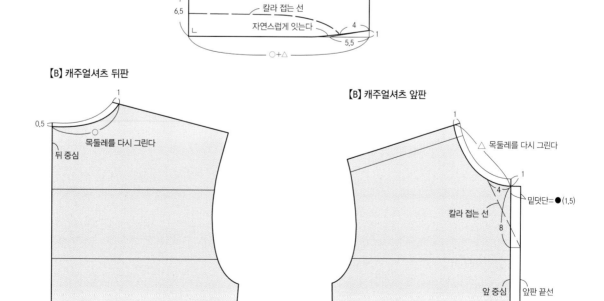

6.5

칼라 접는 선

자연스럽게 잇는다

4

5.5

1

○+△

【B】 캐주얼셔츠 뒤판

1

0.5

목둘레를 다시 그린다

뒤 중심

【B】 캐주얼셔츠 앞판

1

△ 목둘레를 다시 그린다

1

4

밑덧단=● (1.5)

칼라 접는 선

8

앞 중심   앞판 끝선

스퀘어 커프스(소맷부리: 덧단 트임, 턱)

싱글 커프스의 가장 대표적인 소맷부리 모양. 소매에는 턱을 2개 넣고 덧단 트임을 만들었습니다.

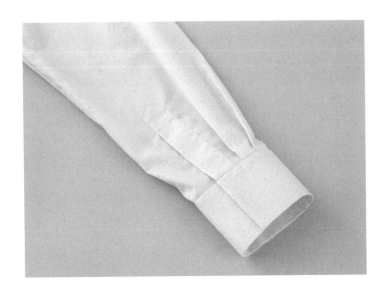

Pattern

※ 시접은 1cm
※ [:::::]는 접착심을 붙인다

【A】셔츠 소매

뒤　　앞

▶ 덧단 트임은 P.45 참조

【A】밑덧단·덧단

【A】셔츠·캐주얼셔츠 스퀘어 커프스

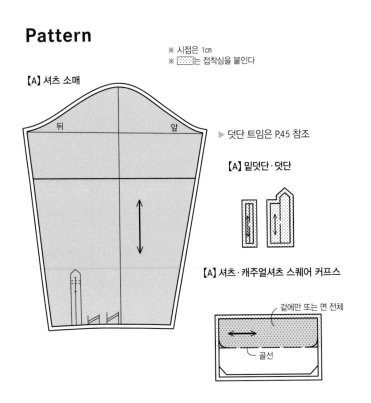

겉에만 또는 면 전체

골선

one point 턱 접는 법

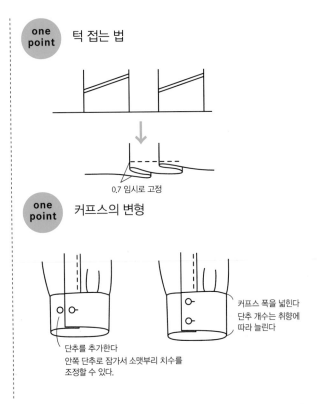

0.7 임시로 고정

one point 커프스의 변형

커프스 폭을 넓힌다
단추 개수는 취향에
따라 늘린다

단추를 추가한다
안쪽 단추로 잠가서 소맷부리 치수를
조정할 수 있다.

라운드 커프스(소맷부리: 바이어스 트임, 개더)

42쪽 커프스의 변형으로 커프스 모서리를 둥글리고, 턱은 개더로, 덧단 트임은 바이어스 트임으로 바꿨습니다.

Pattern

※ 시접은 1cm
※ ▨▨는 접착심을 붙인다

【A】 셔츠 소매

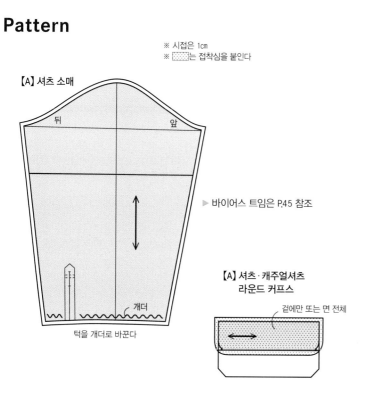

뒤　　　앞

▶ 바이어스 트임은 P.45 참조

턱을 개더로 바꾼다

개더

【A】 셔츠 · 캐주얼셔츠
　　 라운드 커프스

겉에만 또는 면 전체

one point

커프스에 원단 무늬 이용하는 법과
모양의 변형

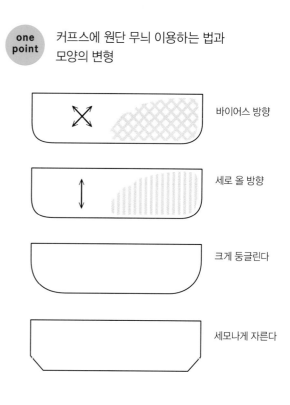

바이어스 방향

세로 올 방향

크게 둥글린다

세모나게 자른다

턴업 커프스(소맷부리: 덧단 트임, 턱)

턴업(turn-up)은 '접어서 젖힌다'는 뜻입니다. 더블 커프스처럼 접어 올린 타입으로 바깥쪽 커프스에는 단추를 달지 않습니다.
우아한 느낌의 셔츠에 많이 이용합니다.

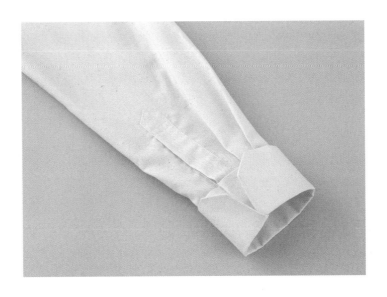

Pattern

※ 시접은 1cm
※ ▨는 접착심을 붙인다

【A】셔츠 소매

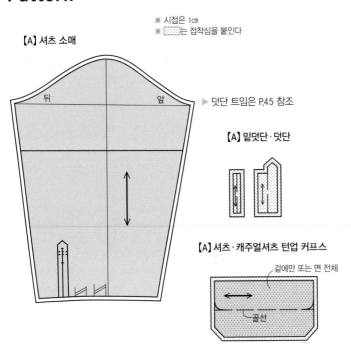

▶ 덧단 트임은 P.45 참조

【A】밑덧단·덧단

【A】셔츠·캐주얼셔츠 턴업 커프스

겉에만 또는 면 전체

골선

▶ 덧단 트임은 P.45 참조

---

one point 턴업 커프스와 더블 커프스의 차이

턴업 커프스

밀라노 커프스라고도 한다. 접어서 젖힌
커프스로 바깥쪽에는 단추가 없고, 안쪽
단추로 잠근다.

더블 커프스

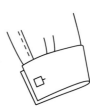

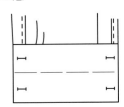

프렌치 커프스라고도 한다. 커프스를 접
어서 두 겹으로 하고 커프스단추로 잠그
는 스타일.

one point 덧단 트임 만드는 법

소맷부리의 변형

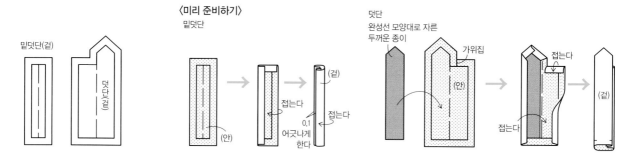

〈미리 준비하기〉

밑덧단(겉)

덧단(겉)

밑덧단

접는다

(겉)

접는다

0.1 어긋나게 한다

(안)

덧단 완성선 모양대로 자른 두꺼운 종이

가위집

(안)

접는다

접는다

(겉)

〈봉제 방법〉

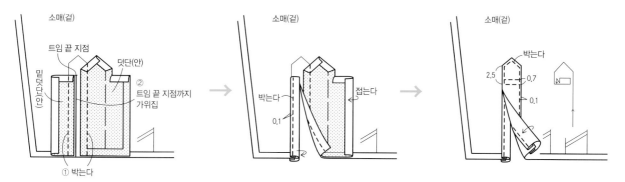

소매(겉)

트임 끝 지점

덧단(안)

밑덧단(안)

② 트임 끝 지점까지 가위집

① 박는다

소매(겉)

박는다

0.1

접는다

소매(겉)

박는다

2.5

0.7

0.1

 one point 바이어스 트임 만드는 법

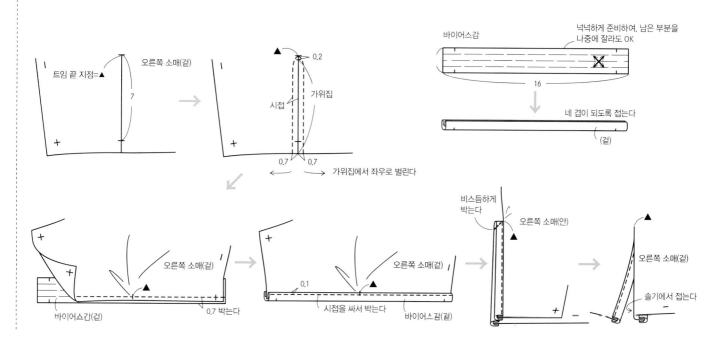

트임 끝 지점=▲

오른쪽 소매(겉)

7

▲

0.2

시접

가위집

0.7 0.7

가위집에서 좌우로 벌린다

바이어스감

넉넉하게 준비하여, 남은 부분을 나중에 잘라도 OK

16

네 겹이 되도록 접는다

(겉)

오른쪽 소매(겉)

바이어스감(겉)

0.7 박는다

▲

0.1

▲

시접을 싸서 박는다

바이어스감(겉)

오른쪽 소매(겉)

비스듬하게 박는다

오른쪽 소매(안)

▲

▲

오른쪽 소매(겉)

솔기에서 접는다

주머니(사각·오각)

주머니는 장식성뿐만 아니라 실용성도 겸비하여 딱히 정해진 규칙은 없습니다.
마음에 드는 모양으로 디자인하거나 사용하기 편한 위치에 다는 등 변형하는 즐거움을 느낄 수 있습니다.

사각	오각
중심 쪽　　　　　　옆선 쪽	중심 쪽　　　　　　옆선 쪽

Pattern

※ ○안의 숫자는 시접. 정해진 곳 이외의 시접은 1cm

【A】 셔츠 앞판

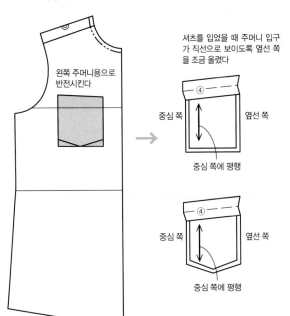

왼쪽 주머니용으로 반전시킨다

셔츠를 입었을 때 주머니 입구가 직선으로 보이도록 옆선 쪽을 조금 올렸다

④
중심 쪽　　　옆선 쪽
중심 쪽에 평행

④
중심 쪽　　　옆선 쪽
중심 쪽에 평행

---

one point 주머니 모양의 변형과
주머니 입구 봉제 방법

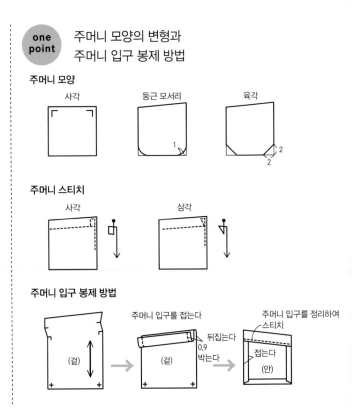

주머니 모양

사각	둥근 모서리	육각
	1	2 / 2

주머니 스티치

사각	삼각

주머니 입구 봉제 방법

(겉)

주머니 입구를 접는다

(겉)

뒤집는다
0.9
박는다

주머니 입구를 정리하여 스티치

접는다
(안)

패턴 보정하는 법

이 책에는 7~15호 사이즈의 패턴을 실었지만 사람의 체형은 각각 다릅니다.
부분적으로 늘이거나 줄이고 싶을 때 간단히 적용할 수 있는 보정 방법을 몇 가지 소개합니다.

길이 보정하기

● 옷 길이를 고친다 — 1

밑단선은 앞뒤 같은 치수를 원래 밑단선과 평행으로 늘입니다
(줄입니다). 늘일 때는 중심선과 옆선을 연장합니다.

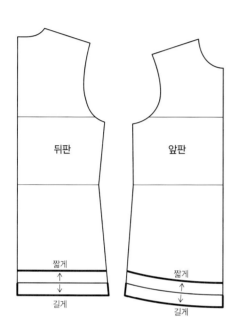

● 옷 길이를 고친다 — 2

가슴선과 허리선의 중간 부분에 안내선을 그립니다.
안내선과 평행으로 늘이고(줄이고) 옆선이 자연스럽게 이어지도록 다시 그립니다.

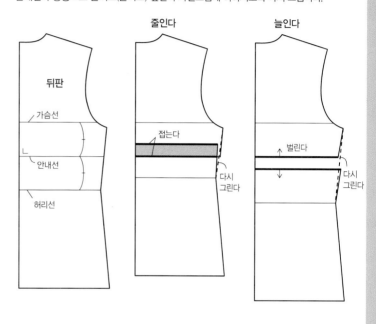

● 소매 길이를 고친다 — 1

소맷부리선과 평행으로 늘입니다(줄입니다). 늘
일 때는 소매 옆선을 연장합니다. 소맷부리를 향
해 넓어질(좁아질) 경우에는 소맷부리 치수가 달
라지므로 주의해야 합니다. 커프스 치수도 잊지
말고 조정합니다.

● 소매 길이를 고친다 — 2

소매너비선과 소맷부리선의 중간 부분에 안내선을 그립니다. 안내선과 평행으로 늘이고(줄이고), 소매 옆선이
이어지도록 다시 그립니다.

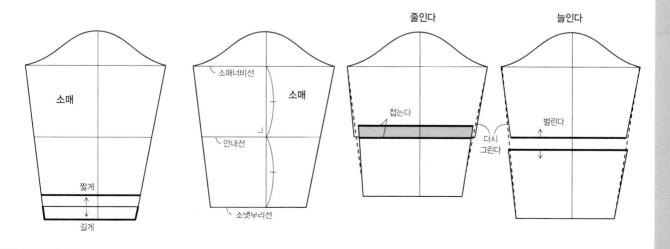

너비 보정하기

● 몸판너비를 옆선에서 고친다

몸판: 고치고 싶은 치수의 1/4(★)을 앞·뒤판의 옆선과 평행으로 넓힙니다(좁힙니다). 중심선과 수직으로 소매 옆선 안내선(가슴선일 때도 있음)을 그리고, 옆선을 평행하게 옮깁니다. 앞·뒤판 옆선이 같은 치수가 되도록 밑단선에서 조정합니다. 전체에서 4cm(★=1cm)까지.

소매: 몸판을 옆선에서 보정했을 때는 소매도 몸판과 같은 치수로 보정합니다. 고치고 싶은 치수의 1/4(★)을 소매너비선에서 넓히고(좁히고), 소맷부리를 향해서 소매 옆선을 다시 그립니다. 앞뒤 소매 옆선이 같은 치수가 되도록 소맷부리에서 조정합니다.

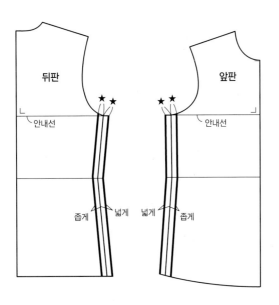

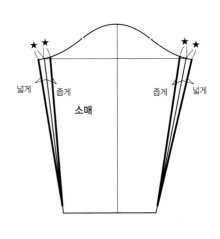

● 몸판너비를 절개하여 고친다

소매너비를 그대로 두고 몸판너비만 고치고 싶을 때 보정하는 방법입니다. 몸판너비와 어깨너비가 동시에 넓어집니다(좁아집니다).
몸판너비의 중간 부분에 안내선을 그리고, 안내선과 평행으로 넓힌(좁힌) 뒤에 어깨선과 밑단선이 자연스럽게 이어지도록 다시 그립니다.

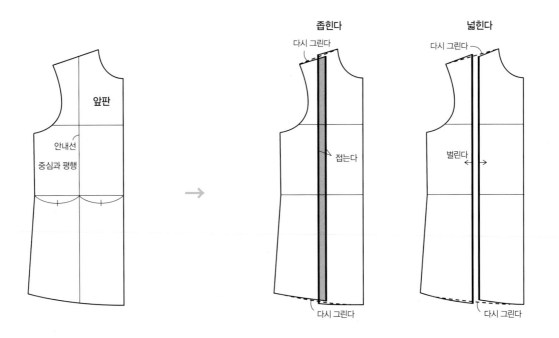

● 소매너비를 고친다

몸판너비를 그대로 두고 소매너비만 고치고 싶을 때 보정하는 방법입니다.
소매너비가 넓어짐(좁아짐)에 따라 진동둘레 치수도 보정해야 합니다.
또 소맷부리가 넓어지기(좁아지기) 때문에 커프스를 다는 경우에는 주의합니다.

소매: 소매너비선의 앞뒤 각각의 중심에 안내선을 그립니다. 안
내선과 평행으로 넓힌(좁힌) 뒤에 소매산과 소맷부리 라인이 자
연스럽게 이어지게 다시 그립니다.

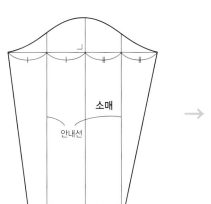

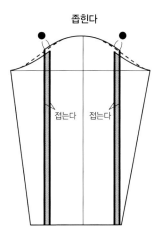

좁힌다

접는다　접는다

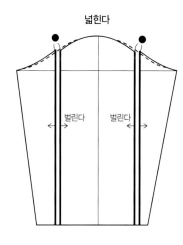

넓힌다

벌린다　벌린다

몸판: 진동둘레의 중간 부분에 안내선을 그립니다. 안내선과 평
행으로, 소매에서 보정했을 때와 같은 치수만큼 넓힌(좁힌) 뒤에
진동둘레 라인이 자연스럽게 이어지게 다시 그립니다.

좁힌다

넓힌다

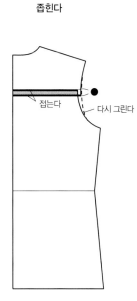

접는다　다시 그린다

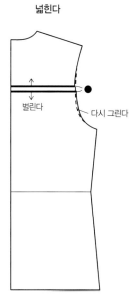

벌린다　다시 그린다

단추와 단춧구멍

기능적으로 필요한 단추 트임은 장식도 겸하기 때문에 작품의 디자인 포인트가 되기도 됩니다.

● 단춧구멍과 단추 크기

단추 지름(a)
+
단추 두께(b)

● 단추

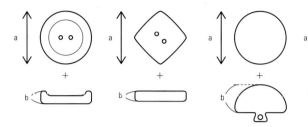

a
+
b

a
+
b

a
+
b

a
+
$\frac{b}{2}$

● 단춧구멍과 단추 다는 위치

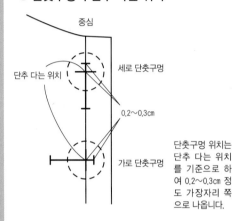

중심
단추 다는 위치
세로 단춧구멍
0.2~0.3cm
가로 단춧구멍

단춧구멍 위치는
단추 다는 위치
를 기준으로 하
여 0.2~0.3cm 정
도 가장자리 쪽
으로 나옵니다.

● 단추 다는 위치

중심
1~2cm
달고 싶은 단추 수를
균등하게 나눈다
15cm 전후

첫 번째 단추 위치를 정
하고, 달고 싶은 단추 수
를 균등하게 나눕니다.
간격은 10cm 전후가 적
당하지만 단추 크기나 디
자인에 따라 위치를 정
합니다. ※ 가슴선 위에
단추를 달면 벌어지지 않
아서 단추를 잠근 모습이
단정합니다.

● 받침칼라(스탠드칼라)와 몸판

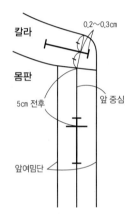

0.2~0.3cm
칼라
몸판
5cm 전후
앞 중심
앞여밈단

칼라는 앞 중심의 높
이를 2등분한 곳을
단추 위치로 정하고,
단춧구멍은 칼라 다
는 선과 평행이 되도
록 정합니다. 몸판의
첫 번째 단추는 받침
칼라에 단추가 있으
므로 위에서부터 5cm
전후를 기준으로 합
니다.

● 커프스

커프스 폭을 2등분한 위치가 됩니다.

1cm
1cm
0.2~0.3cm

단춧구멍 방향에는 이유가 있다!

셔츠의 단춧구멍은 세로 단춧구멍이 일반적이지만 정장 와이셔츠는 맨 아래 단춧구멍만 가
로(수평)로 뚫려 있습니다. 왜 그럴까요? 이렇게 하면 좌우로 움직임에 여유가 생겨서 일어났
다 앉았다 할 때 편하고, 단추를 열고 잠그기도 쉬워집니다. 상하로는 여유가 없으므로 셔츠
전체의 단추 위치를 고정하기 위해서이기도 합니다. 받침칼라의 단춧구멍이 가로(수평)인 것
도 목의 움직임에 맞춰서 움직임에 여유가 생기도록 하기 위해서입니다. 세로 단춧구멍으로
하면 위아래로 어긋나서 위 칼라의 높이가 달라집니다. 어디에 여유를 두는가에 따라서 착용
감도 달라집니다. 이처럼 단춧구멍 방향에는 이유가 있습니다. 기능성을 고려하여 단춧구멍
위치를 정하는 것이 중요한 포인트입니다.

● 루프

단추를 잠그는 데는 일반 단춧구멍 말고도 루프나 입술단춧구멍 같은 방법이 있습니다. 여기에
서는 천 루프 만드는 법을 소개합니다. ※ 여러 개 필요할 때는 천 루프를 길게 하나 만들어서
나중에 필요한 개수만큼 자르면 편리합니다.

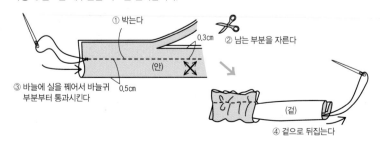

① 박는다
0.3cm
② 남는 부분을 자른다
(안)
③ 바늘에 실을 꿰어서 바늘귀
부분부터 통과시킨다
0.5cm
(겉)
④ 겉으로 뒤집는다

one point 접착심 붙이기

단춧구멍에는 접착심을 붙여서 보강합니다. 접착심 없이 단
춧구멍을 만들면 원단이 줄어들거나 일그러져서 깔끔하지 못
합니다.

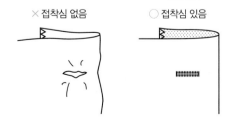

✕ 접착심 없음
○ 접착심 있음

단춧구멍 만드는 법

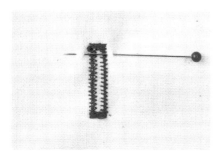

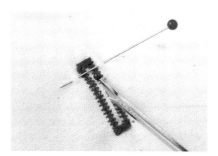

1 재봉틀 설정을 버튼홀 스티치로 바꾸고, 단춧구멍을 만들고 싶은 위치의 끝에서부터 박기 시작합니다.

2 단춧구멍을 다 박은 후, 너무 많이 자르지 않도록 한쪽 끝에 시침핀을 꽂아서 스토퍼를 대신합니다.

3 가운데 부분에 실뜯개를 꽂고, 단춧구멍을 박은 실을 자르지 않도록 조심하면서 원단에 가위집을 냅니다. 반대쪽도 같은 방법으로 구멍을 냅니다.

단추 다는 법

● 구멍 두 개짜리 단추

※ 구멍 네 개짜리도 방법은 같다

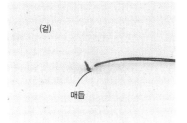

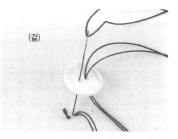

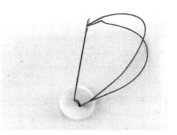

1 원단의 겉에 단추 다는 위치를 표시하고 원단을 한 땀 뜹니다.

2 단추의 구멍에 실을 통과시키고 바늘을 원래 위치에 꽂습니다.

3 같은 방법으로 단추의 구멍에 실을 두세 번 통과시킵니다. 이때 실을 너무 당기지 않도록 주의합니다.

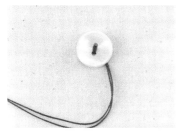

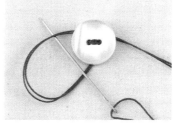

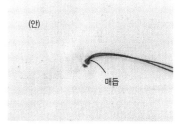

4 단추와 원단 사이로 바늘을 뺍니다. 실을 두세 번 감고 조여서 실기둥을 만듭니다.

5 실로 고리 모양을 만들고 여기에 바늘을 통과시킨 뒤에 실을 꽉 당깁니다.

6 원단 안쪽으로 바늘을 빼서 매듭을 짓고, 매듭을 원단 사이에 넣고 실을 자릅니다. 겉쪽에서 처리해도 OK.

● 다리 달린 단추

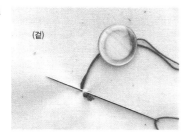

1 원단의 겉에 단추 다는 위치를 표시하고 원단을 한 땀 뜹니다. 단추의 구멍에 실을 통과시키고 원단을 한 땀 더 뜹니다.

2 같은 방법으로 단추의 구멍에 실을 세 번 정도 통과시킵니다.

3 단추 밑동 쪽으로 바늘을 빼서 매듭을 짓습니다. 바로 옆을 작게 한 땀 뜨고 실을 당겨서 자릅니다.

시접 처리

시접 처리 방법은 여러 가지가 있습니다. 소재나 만드는 법, 디자인에 따라 골라서 사용합니다.

● 시침박기

올 풀림을 막기 위해 시접 안에 박아 줍니다.

● 지그재그 스티치

가장자리가 풀리지 않도록 재봉틀로 휘갑치기하는 방법.
※ 오버로크 재봉틀은 가장자리를 잘라내면서 휘갑칩니다.

one point 얇은 원단이나 올이 잘 풀리는 원단에 지그재그 스티치 하기

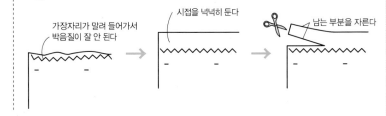

가장자리가 말려 들어가서 박음질이 잘 안 된다 → 시접을 넉넉히 둔다 → 남는 부분을 자른다

가장자리보다 조금 안쪽을 박는다

● 한 번 접어박기

가장자리를 한 번 접어서 박는 방법. 두꺼운 원단의 밑단이나 소맷부리 등에 사용.

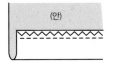
(안)

● 두 번 접어박기

가장자리를 두 번 접어서 박는 방법. 두꺼운 원단이거나 무겁지 않게 하고 싶을 때 사용.

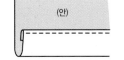
(안)

● 완전 두 번 접어박기

가장자리를 똑같은 폭으로 두 번 접어서 박는 방법. 비치는 소재이거나 시접에 턱이 생기지 않게 하고 싶을 때 사용.

(안)

● 가른다(가름솔)

미리 가장자리를 처리한 원단 두 장을 박은 뒤에 시접을 벌려서 양 옆으로 넘긴다.

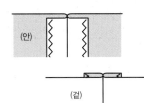
(안)
(겉)

● 한쪽으로 넘긴다(홑솔)

박은 시접을 어느 한쪽으로 넘기는 것. 박은 뒤에 시접을 함께 지그재그 스티치(또는 오버로크)하여 처리한다.

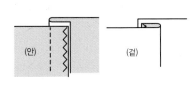
(안)
(겉)

● 쌈솔

솔기가 튼튼한 봉제 방법으로 셔츠나 아동복 등 세탁할 일이 많은 옷에 적합합니다. 시접이 숨겨져서 옷 안쪽도 깔끔하게 마무리됩니다.

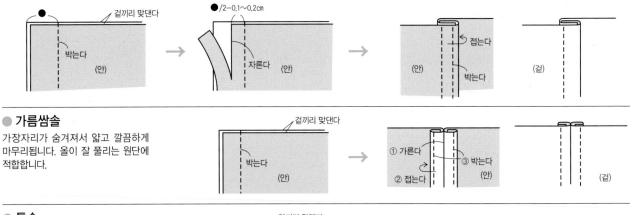

겉끼리 맞댄다 / 박는다 (안) → ●/2−0.1~0.2cm / 자른다 (안) → 접는다 (안) / 박는다 → (겉)

● 가름쌈솔

가장자리가 숨겨져서 얇고 깔끔하게 마무리됩니다. 올이 잘 풀리는 원단에 적합합니다.

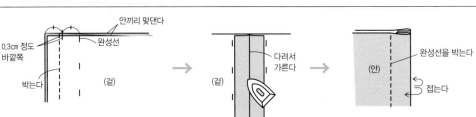

겉끼리 맞댄다 / 박는다 (안) → ① 가른다 / ② 접는다 / ③ 박는다 (안) → (겉)

● 통솔

잘 풀리는 원단이나 얇은 원단에 적합한 시접 처리법. 시접을 얇게 하고 싶을 때도 사용하지만, 두꺼운 원단은 따로 놀아서 적당하지 않습니다.

안끼리 맞댄다 / 완성선 / 0.3cm 정도 바깥쪽 / 박는다 (겉) → (겉) / 다려서 가른다 → 완성선을 박는다 (안) / 접는다

Sewing Pattern Book

Blouse
블라우스

블라우스는 한 벌로 입을 수 있는 상의로 만들어졌습니다.
성인 여성이나 여자아이용으로 품이 넉넉하고 길이가 짧은 윗옷이며 디자인도 다양합니다.
소재는 코튼, 리넨, 실크, 화학섬유 등 여러 가지입니다.

블라우스 코너에서는 기본 몸판을 바탕으로 하여
모든 칼라, 소매와 조합할 수 있는 몸판을 실었습니다.
여기 나온 몸판의 칼라나 목둘레는 기본 몸판에서 옮겨서 만들 수 있으므로
디자인은 얼마든지 다양하게 만들 수 있습니다.

블라우스 조합표

블라우스는 다트나 절개선에 따라 몸판의 실루엣이 크게 달라집니다. 일부 목둘레를 제외하면 몸판, 칼라, 소매는 어느 것이나 조합이 가능하지만 전체의 균형을 고려하여 디자인을 정합니다. 표의 세로에는 몸판을, 가로에는 목둘레, 칼라, 소매의 변형을 배치했습니다.

기본+라운드넥 P.58+80	●목둘레 브이넥 P.81	보트넥 P.82	스퀘어넥 P.83	●칼라 ※칼라를 달 때는 앞판(뒤판)에 트임이 필요 라운드칼라 P.84	보타이 P.85	개더 P.86	●긴소매 소맷부리 개더 P.56·P.64	소매산·소맷부리 개더 P.64	벌룬 P.65	소매산 턱 P.66
가슴 다트 P.59	○	○	○	○	○	○	○	○	○	○
허리 다트 P.60	○	○	○	○	○	○	○	○	○	○
페플럼 P.61	○	○	○	○	○	△ ※조합은 가능하지만 디자인이 어울리지 않는다	○	○	○	○
요크+개더 P.62	×	×	×	○	○	○	○		○	○
	※요크선과 앞판에 개더가 있기 때문에 구조상 어렵다									
스퀘어 요크+개더 P.63	△ ※조합은 가능하지만 디자인이 어울리지 않는다	× ※요크선이 있기 때문에 구조상 어렵다	○	○	○	○			○	○

소맷부리 플레어	●7부 소매 플레어	소맷부리 고무 밴드	커프스 리본	●반소매 소맷부리 개더	소매산·소맷부리 개더	소맷부리 턱	소매산 턱+커프스	●캡 소매 개더	플레어	턱
P.67	P.68	P.69	P.70	P.72	P.73	P.74	P.75	P.77	P.78	P.79
○	○	○	○	○	○	○	○	○	○	○
○	○	○	○	○	○	○	○	○	○	○
	○	○	○	○	○		○	○		
○	○		○		○	○	○		○	○
○	○	○	○	○	○	○			○	○

블라우스 기본(긴소매)

기본 앞판은 다트가 들어가지 않은 평면 형태. 여기에 납작한 라운드칼라를 달았습니다. 뒤판은 모든 작품에서 공통으로 사용합니다. 다양한 디자인에 응용할 수 있는 몸판입니다.

Front	Side	Back

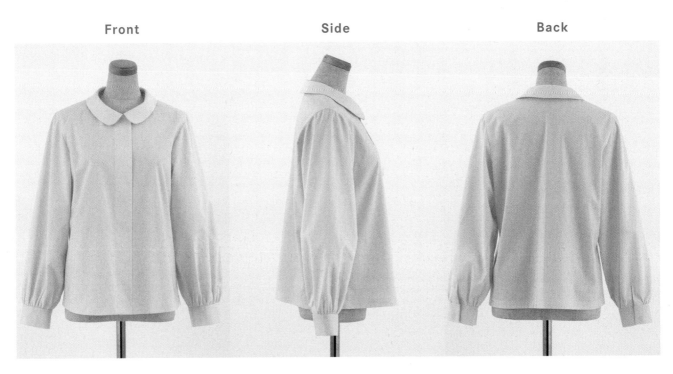

Pattern

※ ○안의 숫자는 시접. 정해진 곳 이외의 시접은 1cm
※ ▨▨▨는 접착심을 붙인다

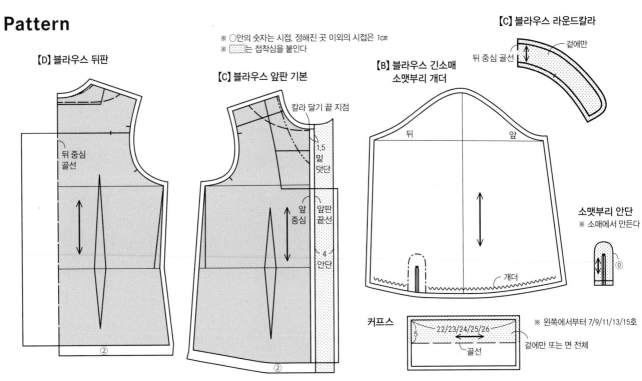

【D】 블라우스 뒤판

뒤 중심 골선

②

【C】 블라우스 앞판 기본

칼라 달기 끝 지점

1.5 밑 덧단

앞 중심

앞판 끝선

4 안단

②

【B】 블라우스 긴소매 소맷부리 개더

뒤   앞

개더

【C】 블라우스 라운드칼라

겉에만

뒤 중심 골선

소맷부리 안단
※ 소매에서 만든다

0

커프스

5   22/23/24/25/26

골선

※ 왼쪽에서부터 7/9/11/13/15호

겉에만 또는 면 전체

블라우스 기본(반소매)

기본 블라우스(긴소매)의 뒤판과 칼라는 공통이고, 소매를 반소매로 만들고 앞판에는 가슴 다트를 넣었습니다.

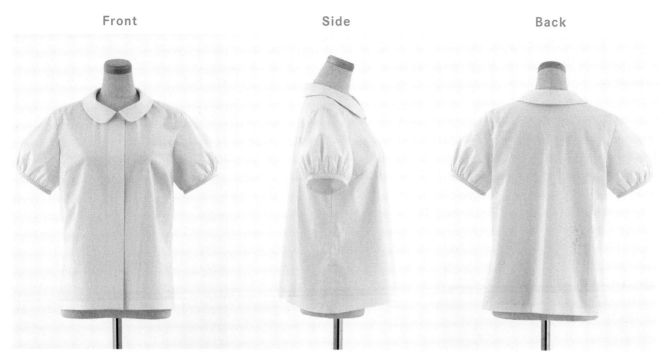

Front   Side   Back

Pattern

※ ○안의 숫자는 시접. 정해진 곳 이외의 시접은 1cm
※ ▨는 접착심을 붙인다
※ 뒤판과 라운드칼라는 P.56과 공통

【C】블라우스 앞판 가슴 다트

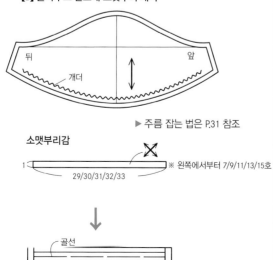

칼라 달기 끝 지점

앞 중심

1.5 밑 덧단

앞판 끝선

4 안단

②

【B】블라우스 반소매 소맷부리 개더

뒤   개더   앞

▶ 주름 잡는 법은 P.31 참조

소맷부리감

1
29/30/31/32/33

※ 왼쪽에서부터 7/9/11/13/15호

골선

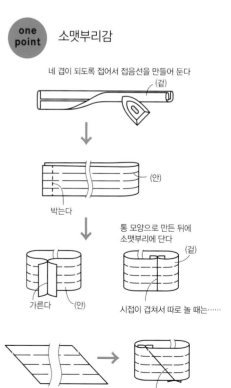

one point   소맷부리감

네 겹이 되도록 접어서 접음선을 만들어 둔다

(겉)

(안)

박는다

통 모양으로 만든 뒤에
소맷부리에 단다

(겉)

가른다   (안)

시접이 겹쳐서 따로 놀 때는……

비스듬히 잇는다

기본

가장 표준적인 박스형 패턴입니다. 이미 적당하게 여유분이 들어가 있어서 그대로 다른 부분과 조합할 수 있습니다.

Front　　　　　　　Side

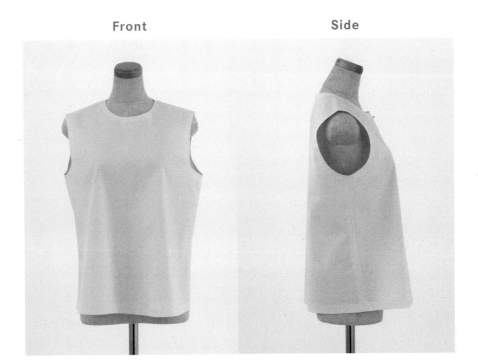

Pattern

※ ○안의 숫자는 시접. 정해진 곳 이외의 시접은 1cm

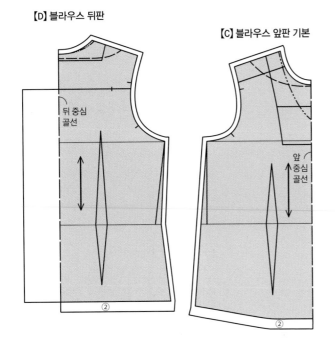

【D】블라우스 뒤판

뒤 중심
골선

②

【C】블라우스 앞판 기본

앞
중심
골선

②

one point 밑단 처리

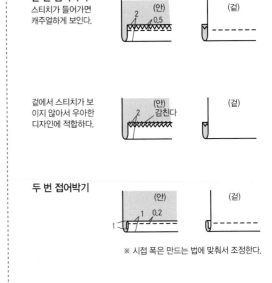

한 번 접어박기
스티치가 들어가면
캐주얼하게 보인다.

(안)　　　　(겉)
2　0.5

겉에서 스티치가 보
이지 않아서 우아한
디자인에 적합하다.

(안)　감친다　　　(겉)
2

두 번 접어박기

(안)　　　　(겉)
1　1　0.2

※ 시접 폭은 만드는 법에 맞춰서 조정한다.

몸판의 변형

가슴 다트

앞판에 가슴 다트를 넣어 가슴을 봉긋하게 만들고 옆선 라인은 날씬해 보이게 하는 실루엣입니다.

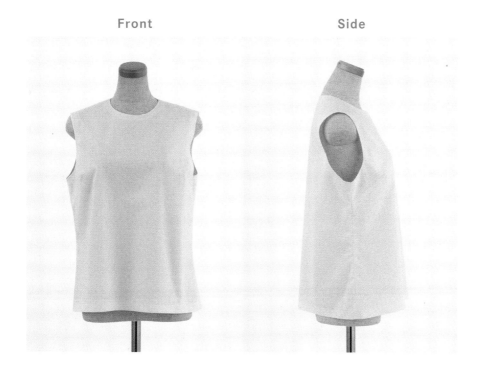

Front   Side

Pattern

※ ○안의 숫자는 시접. 정해진 곳 이외의 시접은 1㎝
※ 뒤판은 P.56과 공통

【C】블라우스 앞판
가슴 다트

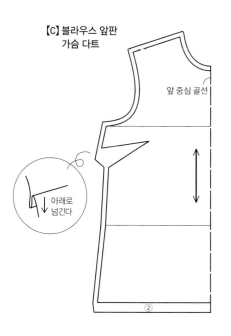

앞 중심 골선

아래로
넘긴다

②

one point   다트 박는 법

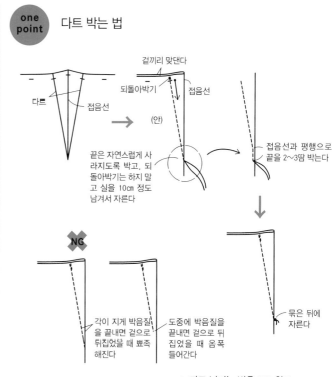

겉끼리 맞댄다

다트   접음선   되돌아박기   접음선

(안)

끝은 자연스럽게 사
라지도록 박고, 되
돌아박기는 하지 말
고 실을 10㎝ 정도
남겨서 자른다

접음선과 평행으로
끝을 2~3땀 박는다

NG

각이 지게 박음질
을 끝내면 겉으로
뒤집었을 때 뾰족
해진다

도중에 박음질을
끝내면 겉으로 뒤
집었을 때 옴폭
들어간다

묶은 뒤에
자른다

▶ 다트 넘기는 법은 P.60 참조

허리 다트

앞뒤 허리선에 다트를 넣었습니다. 허리가 잘록 들어가서 58쪽의 기본보다 품이 좁은 실루엣입니다.

Front	Side	Back

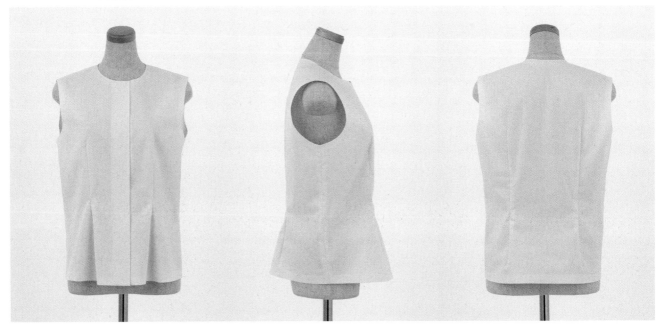

Pattern

※ ○안의 숫자는 시접. 정해진 곳 이외의 시접은 1㎝
※ ▨▨는 접착심을 붙인다

【D】 블라우스 뒤판

【C】 블라우스 앞판 기본

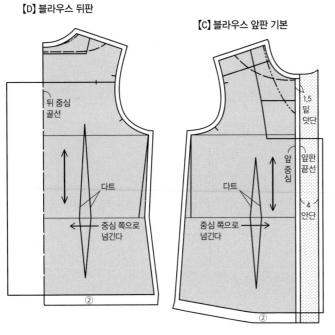

뒤 중심 골선

다트

중심 쪽으로 넘긴다

②

앞 중심

앞판 끝선

1.5 밑 덧단

4 안단

다트

중심 쪽으로 넘긴다

②

one point 다트 넘기는 법

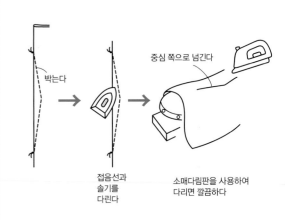

박는다

접음선과 솔기를 다린다

중심 쪽으로 넘긴다

소매다림판을 사용하여 다리면 깔끔하다

▶ 다트 박는 법은 P.59 참조

몸판의 변형

페플럼

기본 몸판의 허리에서 절개하여 플레어가 살짝 들어간 페플럼을 달았습니다. 허리를 조인 디자인이라서 트임은 반드시 필요합니다.

Front	Side	Back

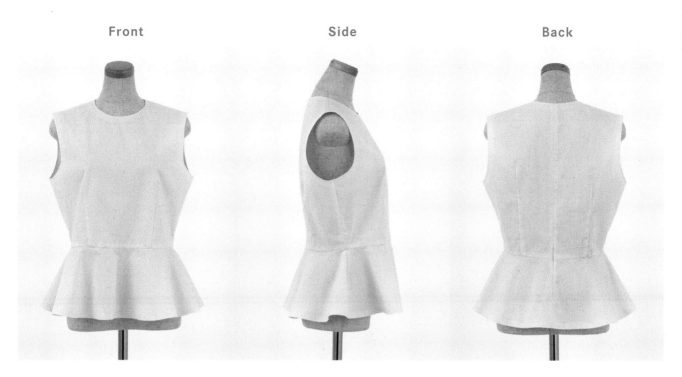

Pattern

※ 시접은 1cm
※ 뒤 중심과 페플럼 밑단의 시접은 만드는 방법에 맞춰서 적당하게 넣는다

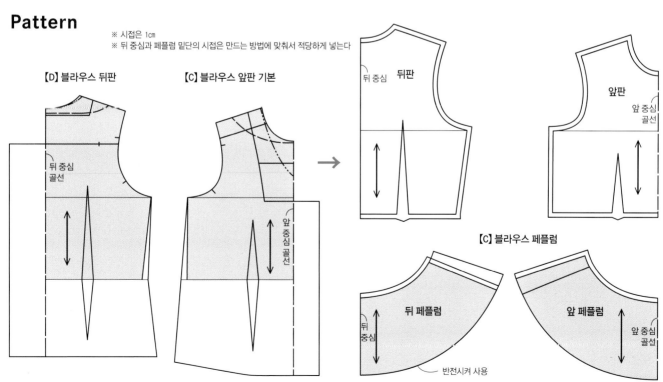

【D】 블라우스 뒤판
【C】 블라우스 앞판 기본

뒤 중심
골선

앞
중심
골선

뒤 중심   뒤판

앞판

앞 중심
골선

【C】 블라우스 페플럼

뒤 페플럼

뒤
중심

앞 페플럼

앞 중심
골선

반전시켜 사용

요크+개더

58쪽 기본 몸판에 요크 절개선을 넣은 디자인. 앞·뒤판에는 개더를 넣었습니다.

Front	Side	Back

Pattern

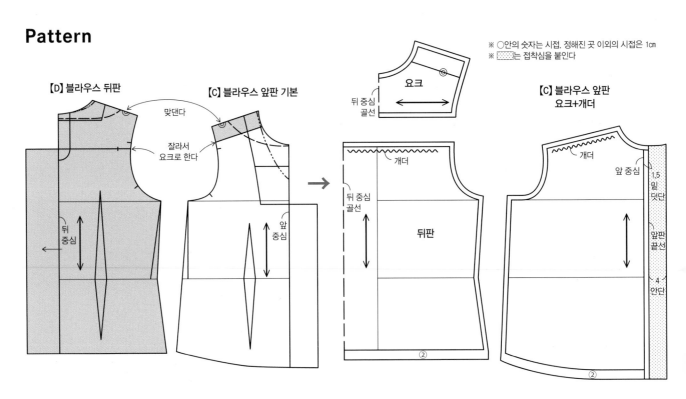

※ ○안의 숫자는 시접. 정해진 곳 이외의 시접은 1cm
※ ▨는 접착심을 붙인다

【D】블라우스 뒤판　　　【C】블라우스 앞판 기본

맞댄다

잘라서
요크로 한다

요크

뒤 중심
골선

뒤
중심

앞
중심

【C】블라우스 앞판
요크+개더

개더

개더

뒤 중심
골선

앞 중심

뒤판

1.5
밑
덧단

앞판
끝선

4
안단

②

②

②

몸판의 변형

스퀘어 요크+개더

58쪽의 앞판을 변형했습니다.
요크 절개선을 넣고 몸판의 앞 중심 부분에 개더를 넣었습니다.

Front　　　　　　Side

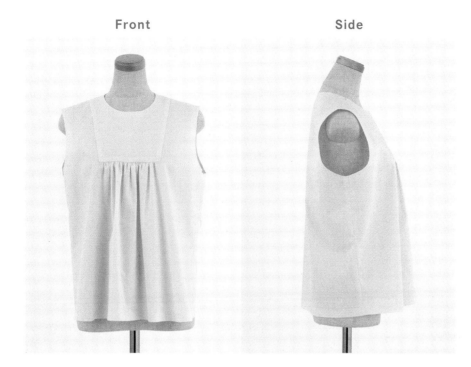

Pattern

※ ○안의 숫자는 시접. 정해진 곳 이외의 시접은 1cm

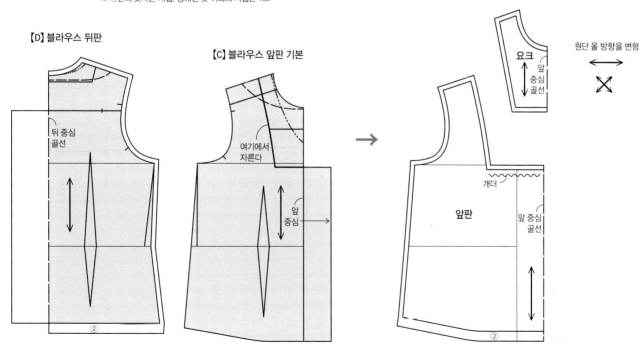

【D】 블라우스 뒤판

뒤 중심
골선

【C】 블라우스 앞판 기본

여기에서
자른다

앞
중심

요크

앞
중심
골선

원단 올 방향을 변형

개더

앞판

앞 중심
골선

소맷부리 개더/소매산·소맷부리 개더

왼쪽은 56쪽의 기본 소매에서 소맷부리에만 개더를 넣었습니다.
오른쪽은 소매산에도 개더를 넣은 디자인이고 소맷부리의 개더 분량은 넉넉하게 잡았습니다.

| Front | Side | Back | | Front | Side | Back |

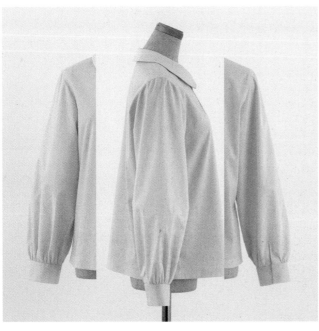

Pattern

※ ○안의 숫자는 시접. 정해진 곳 이외의 시접은 1cm
※ ▨는 접착심을 붙인다
※ 커프스, 소맷부리 안단은 공통으로 사용

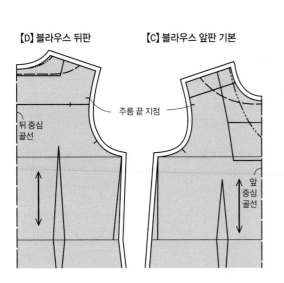

【D】블라우스 뒤판

【C】블라우스 앞판 기본

주름 끝 지점

뒤 중심
골선

앞
중심
골선

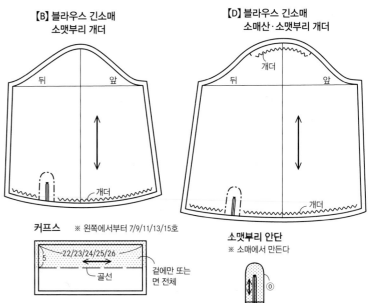

【B】블라우스 긴소매
소맷부리 개더

뒤   앞

개더

【D】블라우스 긴소매
소매산·소맷부리 개더

개더

뒤   앞

개더

커프스   ※ 왼쪽에서부터 7/9/11/13/15호

5   22/23/24/25/26

골선

겉에만 또는
면 전체

소맷부리 안단
※ 소매에서 만든다

소매의 변형 · 긴소매

벌룬

소맷부리에 개더를 듬뿍 잡은 벌룬 소매. 부피감 있는 주름을 예쁘게 잡으려면 얇은 소재가 좋습니다.

Front   Side   Back

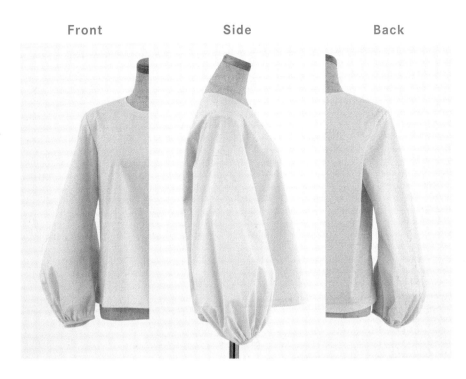

Pattern

【C】블라우스 긴소매
벌룬

※ 시접은 1cm

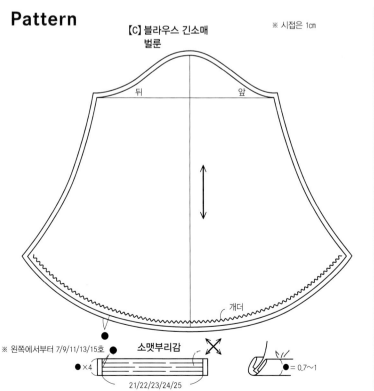

뒤   앞

개더

※ 왼쪽에서부터 7/9/11/13/15호

소맷부리감

●×4

21/22/23/24/25

● = 0.7~1

one point 소맷부리
벌룬 소매를 더욱 봉긋하게 만들기 위한 포인트

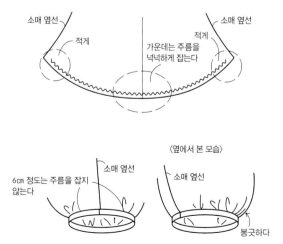

소매 옆선   소매 옆선

적게   적게

가운데는 주름을
넉넉하게 잡는다

〈옆에서 본 모습〉

6cm 정도는 주름을 잡지
않는다

소매 옆선   소매 옆선

봉긋하다

소매산 턱

소매산에 턱을 넣은 통 모양 소매. 턱의 봉긋한 모습이 부드러운 인상을 주어서 우아한 블라우스에 어울리는 디자인입니다.

Front	Side	Back

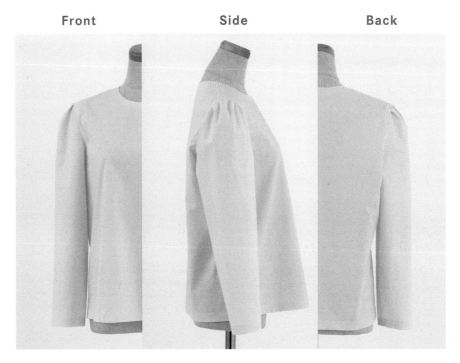

Pattern

※ ○안의 숫자는 시접. 정해진 곳 이외의 시접은 1cm

【B】블라우스 긴소매
소매산 턱

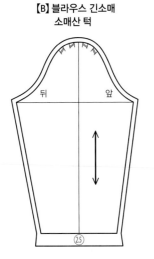

뒤　앞

㉕

one point 턱 접는 법

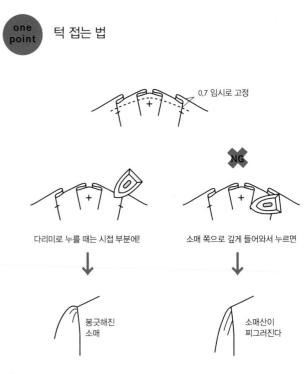

0.7 임시로 고정

NG

다리미로 누를 때는 시접 부분에!

소매 쪽으로 깊게 들어와서 누르면

봉긋해진
소매

소매산이
찌그러진다

소매의 변형·긴소매

소맷부리 플레어

통 모양 소매의 소맷부리에 절개선을 넣어서 원형으로 퍼지는 플레어 소맷부리를 달았습니다.
부드러운 소재로 만들면 플레어가 한층 살아납니다.

Front　　　　Side　　　　Back

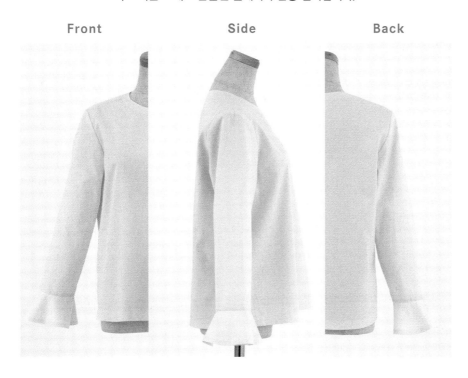

Pattern

【D】블라우스 긴소매
　　소맷부리 플레어(위)

※ 시접은 1cm

뒤　　앞

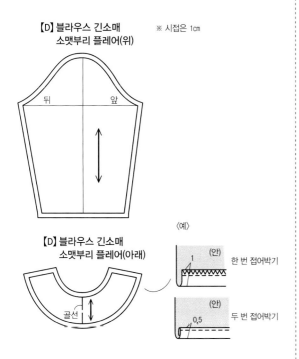

【D】블라우스 긴소매
　　소맷부리 플레어(아래)

골선

〈예〉

(안)
1

한 번 접어박기

(안)
0,5

두 번 접어박기

one point　플레어의 올 방향과 원단 무늬 이용하는 법

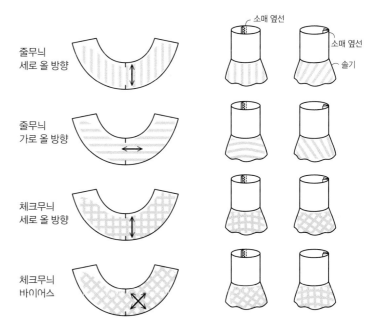

줄무늬
세로 올 방향

줄무늬
가로 올 방향

체크무늬
세로 올 방향

체크무늬
바이어스

소매 옆선

소매 옆선

솔기

플레어

소맷부리를 크게 절개하여 플레어소매로 만들었습니다. 플레어가 많이 생기게 하려면 드레이프성이 좋은 소재를 선택하세요.

Front   Side   Back

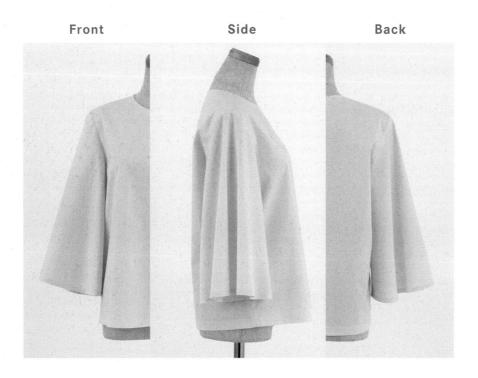

Pattern

※ 시접은 1cm

【D】블라우스 7부 소매

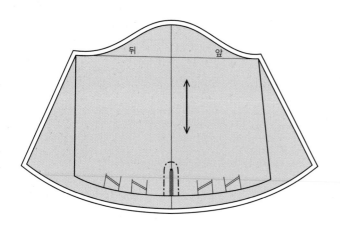
뒤 / 앞

one point 소맷부리 시접

소맷부리는 곡선으로 되어 있으므로
시접은 적은 편이 좋습니다.

얇은 원단~
중간 두께 원단

한 번 접어박기   두 번 접어박기
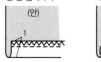
(안) 1   (안) 0.5

두꺼운 원단

스티치 있음   스티치 없음
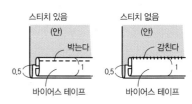
(안) 박는다 1   (안) 감친다 1
0.5   0.5
바이어스 테이프   바이어스 테이프

시접 없는 소맷부리로 변형

올이 잘 풀리지 않는 원단이나 특징 있는 원단은 소재 자체를 살려서 처리하는
방식으로 변형해도 좋다.

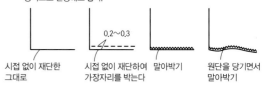
0.2~0.3

시접 없이 재단한 / 시접 없이 재단하여 / 원단을 당기면서
그대로 / 가장자리를 박는다 / 말아박기 / 말아박기

소매의 변형·7부 소매
소맷부리 고무 밴드

68쪽 플레어소매와 패턴은 같고 소맷부리에 고무 밴드를 넣었습니다.
같은 패턴이라도 만드는 법이 다르면 느낌도 달라집니다.

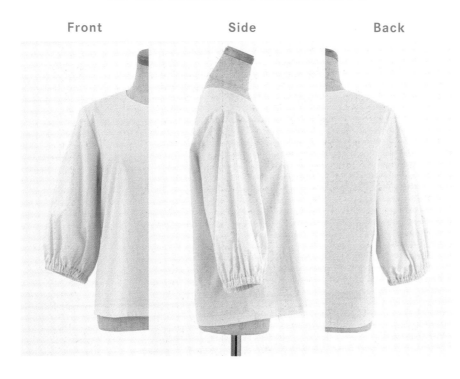

Front　　　　Side　　　　Back

Pattern

※ 소맷부리 이외의 시접은 1cm

【D】블라우스 7부 소매

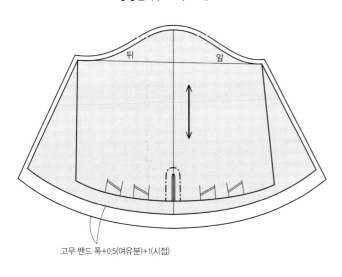

뒤　　　앞

고무 밴드 폭+0,5(여유분)+1(시접)

---

one point 소매 만드는 법

※ 폭 1.5cm 고무 밴드일 때

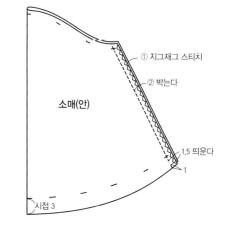

소매(안)

① 지그재그 스티치
② 박는다
1.5 띄운다
1
시접 3

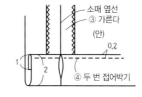

소매 옆선
③ 가른다
(안)
0,2
1
2
④ 두 번 접어박기

⑤ 고무 밴드를 끼우고 밴드 끝을 겹쳐서 박아 준다
1

커프스 리본

68·69쪽과 소매산은 공통이지만 소매 전체 분량은 적습니다.
소맷부리를 커프스로 절개하고 따로 만든 리본을 단 디자인입니다.

Front   Side   Back

Pattern

※ ○안의 숫자는 시접. 정해진 곳 이외의 시접은 1㎝
※ ▨는 접착심을 붙인다

one point 소매 만드는 법

【D】 블라우스 7부 소매

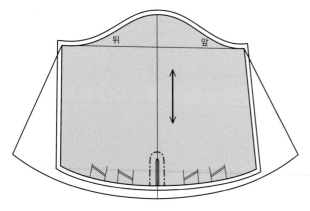

뒤   앞

커프스 ※ 왼쪽에서부터 7/ 9/ 11/ 13/ 15호

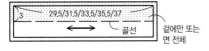

3   29.5/31.5/33.5/35.5/37   골선

겉에만 또는
면 전체

【D】 블라우스 7부 소매
커프스 리본

위
아래

소맷부리 안단
※ 소매에서 만든다

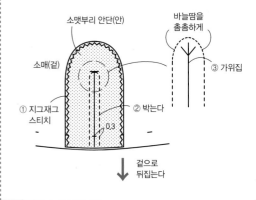

소맷부리 안단(안)
바늘땀을
촘촘하게
소매(겉)
① 지그재그 스티치   ② 박는다   ③ 가위집
0.3

겉으로
뒤집는다

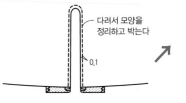

다려서 모양을
정리하고 박는다
0.1

▶▶▶ P.71 아랫단으로 이어진다

one point 커프스의 변형

가는 리본으로 묶는다

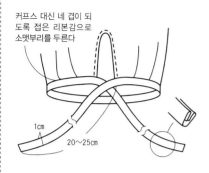

커프스 대신 네 겹이 되
도록 접은 리본감으로
소맷부리를 두른다

1cm

20~25cm

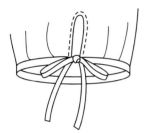

단추를 단다

커프스 리본을 없애고 커프스를 단다

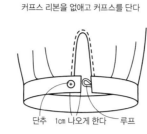

단추   1cm 나오게 한다   루프

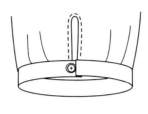

트임을 없앤다

커프스 리본 없음

커프스는
그대로

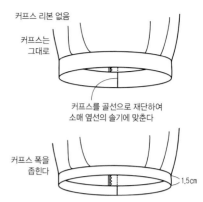

커프스를 골선으로 재단하여
소매 옆선의 솔기에 맞춘다

커프스 폭을
좁힌다

1.5cm

커프스 폭을
넓힌다

5cm

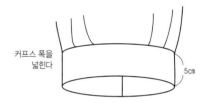

▶▶▶ P.70에서 이어진다

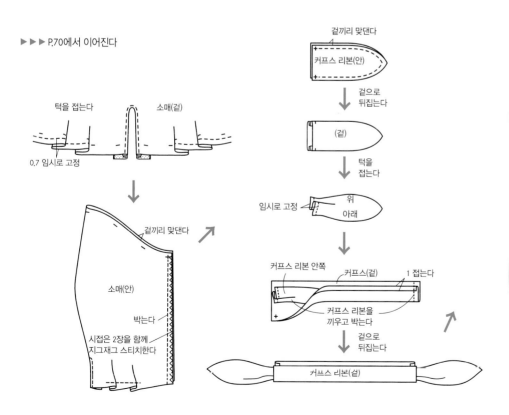

턱을 접는다   소매(겉)

0.7 임시로 고정

걸끼리 맞댄다

소매(안)

박는다

시접은 2장을 함께
지그재그 스티치한다

겉끼리 맞댄다

커프스 리본(안)

겉으로
뒤집는다

(겉)

턱을
접는다

임시로 고정   위 아래

커프스 리본 안쪽   커프스(겉)   1 접는다

커프스 리본을
끼우고 박는다

겉으로
뒤집는다

커프스 리본(겉)

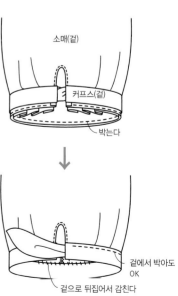

소매(겉)

커프스(겉)

박는다

겉에서 박아도
OK

겉으로 뒤집어서 감친다

소맷부리 개더

소맷부리에 개더를 넣은 퍼프소매. 봉긋하게 부푼 귀여운 소매입니다.

Front	Side	Back

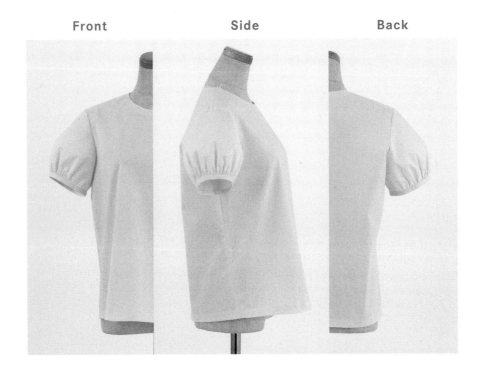

Pattern

※ 시접은 1cm

【B】블라우스 반소매 소맷부리 개더

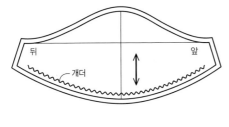

뒤　개더　앞

소맷부리감

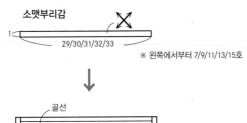

1　29/30/31/32/33

※ 왼쪽에서부터 7/9/11/13/15호

골선

one point

소맷부리 개더

고르게 주름을 잡아도 괜찮지만, 퍼프소매를 더욱 봉긋하게 만들려면 소매 옆선 3cm 정도는 주름을 잡지 않는다.

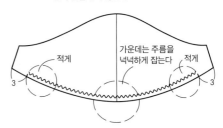

적게　가운데는 주름을 넉넉하게 잡는다　적게

3　　3

원단에 따라 다르다

올 방향을 바이어스로

드레이프성이 있는 소재로 바꾼다

소매의 변형·반소매

소매산·소맷부리 개더

소매 위아래에 개더를 넣은 디자인.
72쪽 소매보다 개더 분량이 많아서 얇은 소재에 적합합니다.

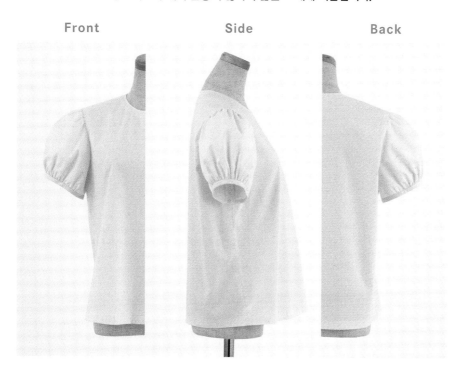

Front   Side   Back

Pattern

【B】 블라우스 반소매 소매산·소맷부리 개더

※ 시접은 1cm

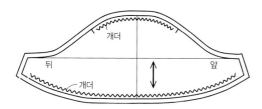

개더
뒤   앞
개더

소맷부리감

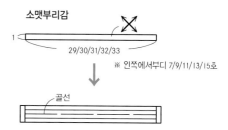

1
29/30/31/32/33

※ 인쪽에서부디 7/9/11/13/15호

골선

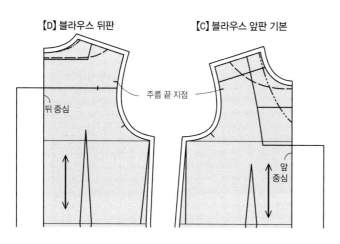

【D】 블라우스 뒤판   【C】 블라우스 앞판 기본

뒤 중심   주름 끝 지점

앞
중심

소맷부리 턱

소맷부리의 가운데 부분에 넣은 턱을 고정하기 위해 도중까지 박아 줍니다. 턱을 넘기는 방향을 바꿔서 변형할 수도 있습니다.

Front	Side	Back

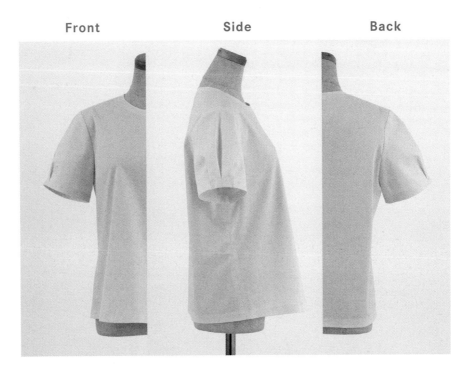

Pattern

※ ○안의 숫자는 시접. 정해진 곳 이외의 시접은 1㎝

【B】 블라우스 반소매 소맷부리 턱

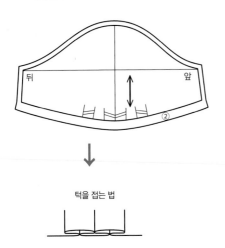

뒤   앞   ②

턱을 접는 법

---

one point

소맷부리 처리

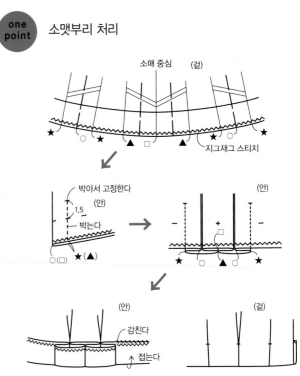

소매 중심   (겉)

지그재그 스티치

박아서 고정한다

박는다   (안)

1.5

○(□)   ★(▲)

(안)   ★ ○ ▲ ★

(안)   감친다   (겉)

접는다

소매의 변형·반소매

소매산 턱＋커프스

소맷부리를 절개해서 커프스를 단 디자인. 소매산의 턱은 개더로 바꿀 수도 있습니다.

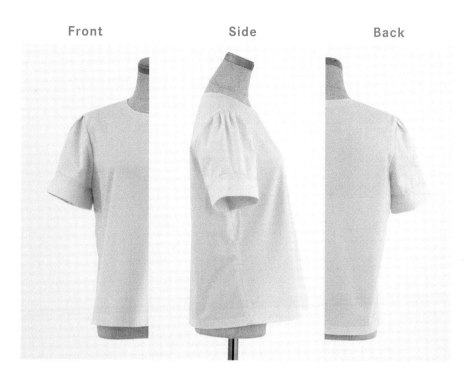

Front Side Back

Pattern

※ 시접은 1cm
※ ⬚는 접착심을 붙인다

one point 커프스 다는 법

【B】블라우스 반소매 소매산 턱＋커프스

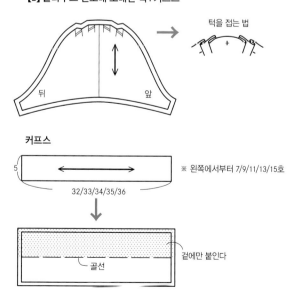

뒤 앞

턱을 접는 법

커프스

5

32/33/34/35/36

※ 왼쪽에서부터 7/9/11/13/15호

골선

겉에만 붙인다

안 커프스(안)

0.1 정도 나오게 한다

겉 커프스(겉)

접음선을 만든다

박아서 가른다

골선

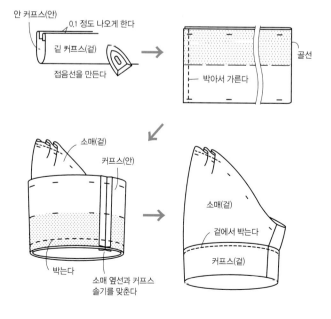

소매(겉)

커프스(안)

박는다

소매 옆선과 커프스
솔기를 맞춘다

소매(겉)

겉에서 박는다

커프스(겉)

민소매

58쪽의 기본 몸판은 진동둘레가 지나치게 파이지 않아서 민소매로도 입을 수 있습니다.
다른 몸판의 변형도 마찬가지입니다.

Front	Side	Back

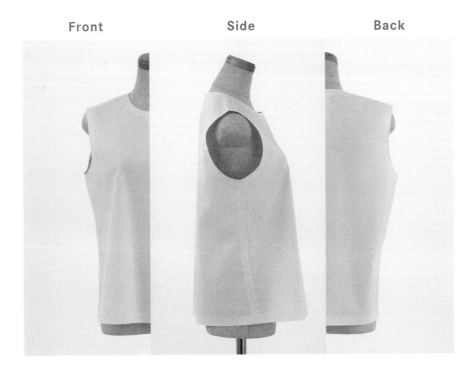

Pattern

※ ○안의 숫자는 시접. 정해진 곳 이외의 시접은 1cm
※ ▨▨▨는 접착심을 붙인다

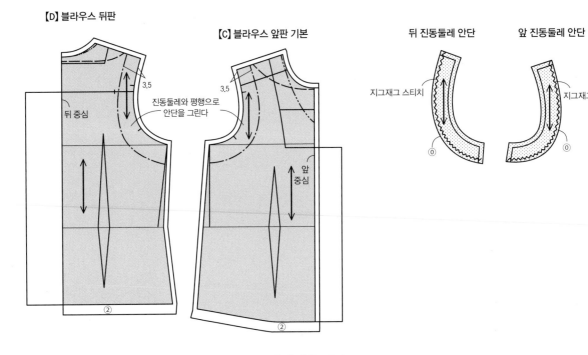

【D】 블라우스 뒤판

뒤 중심

3.5

진동둘레와 평행으로
안단을 그린다

②

【C】 블라우스 앞판 기본

3.5

앞
중심

②

뒤 진동둘레 안단

지그재그 스티치

0

앞 진동둘레 안단

지그재그 스티치

0

소매의 변형·캡 소매

개더

58쪽의 기본 몸판에 개더 소매를 달았습니다.
캡 소매는 반소매보다 짧고 어깨 끝을 조금 덮는 소매를 말합니다.

Front	Side	Back

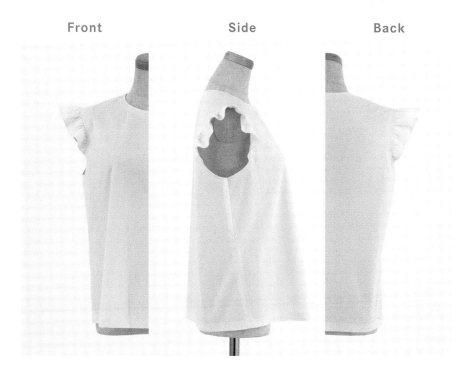

Pattern

※ 시접은 1cm

【A】블라우스 캡 소매　개더

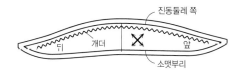

진동둘레 쪽

뒤　개더　앞

소맷부리

【D】블라우스 뒤판

【C】블라우스 앞판　기본

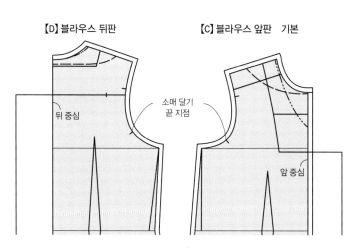

뒤 중심

소매 달기
끝 지점

앞 중심

one point　소매를 처리하는 법

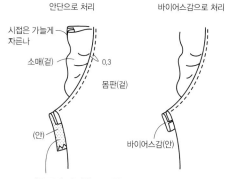

안단으로 처리

바이어스감으로 처리

시접은 가늘게
자른나

소매(겉)

0.3

몸판(겉)

(안)

바이어스감(안)

▶ 진동둘레 안단은 P.76 참조

소매의 변형·캡 소매
플레어

어깨 끝을 연장한 것처럼 보이는 소매.
올 방향을 바이어스로 했기 때문에 팔을 끼울 때 움직임이 편합니다.

Front | Side | Back

Pattern

※ 시접은 1cm

【A】블라우스 캡 소매 플레어

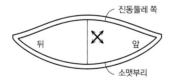

진동둘레 쪽
뒤
앞
소맷부리

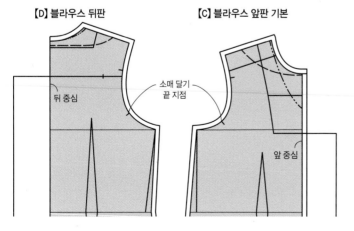

【D】블라우스 뒤판

뒤 중심

【C】블라우스 앞판 기본

소매 달기
끝 지점

앞 중심

---

one point

소맷부리를 처리하는 법

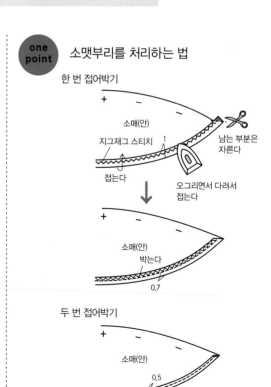

한 번 접어박기

소매(안)
지그재그 스티치
접는다
남는 부분은
자른다
오그리면서 다려서
접는다

소매(안)
박는다
0.7

두 번 접어박기

소매(안)
0.5

소매의 변형·캡 소매

턱

어깨를 감싸는 듯한 디자인이라서 신경 쓰이는 위 팔뚝과 어깨를 살짝 감춰 주는 효과도 있습니다.

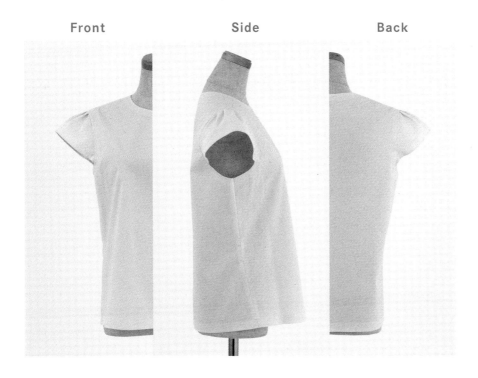

Front   Side   Back

Pattern

※ ○안의 숫자는 시접. 정해진 곳 이외의 시접은 1cm
※ 몸판은 P.78과 공통

one point   소매 다는 법

【A】블라우스 캡 소매 턱

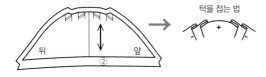

뒤   앞
②

턱을 접는 법

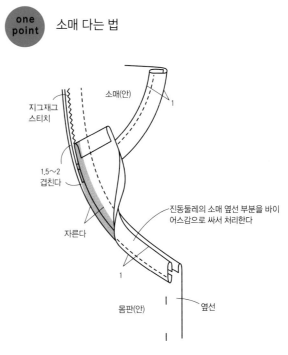

소매(안)

지그재그
스티치

1.5~2
겹친다

자른다

진동둘레의 소매 옆선 부분을 바이
어스감으로 싸서 처리한다

1

몸판(안)   옆선

라운드넥

기본 목둘레. 칼라를 다는 디자인도 이 목둘레를 그대로 살렸습니다.
목둘레의 여유분이 적어서 트임이 필요합니다.

Pattern

※ ○안의 숫자는 시접. 정해진 곳 이외의 시접은 1㎝
※ ▨는 접착심을 붙인다

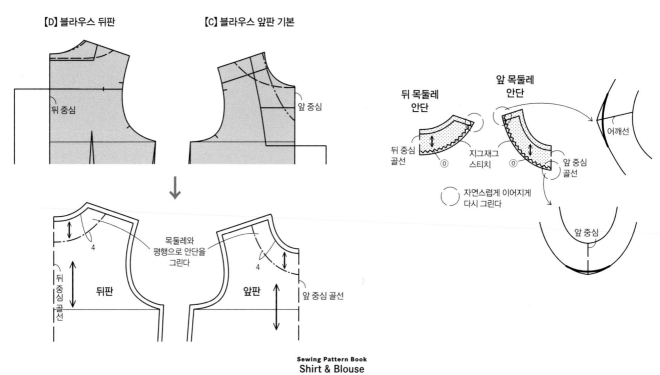

【D】블라우스 뒤판　　　　　【C】블라우스 앞판 기본

뒤 중심

앞 중심

뒤 목둘레
안단

앞 목둘레
안단

뒤 중심
골선

지그재그
스티치

앞 중심
골선

어깨선

자연스럽게 이어지게
다시 그린다

앞 중심

목둘레와
평행으로 안단을
그린다

뒤판

앞판

뒤 중심 골선

앞 중심 골선

4

4

목둘레의 변형

브이넥

80쪽의 기본 목둘레를 V자로 자른 디자인.
옆 목점을 조금 넓혔습니다.

Pattern

※ ○안의 숫자는 시접. 정해진 곳 이외의 시접은 1cm
※ [::::]는 접착심을 붙인다

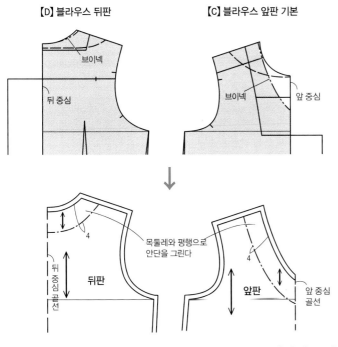

【D】블라우스 뒤판

【C】블라우스 앞판 기본

브이넥

뒤 중심

브이넥
앞 중심

4

4

목둘레와 평행으로
안단을 그린다

뒤
중
심
골
선

뒤판

앞판

앞 중심
골선

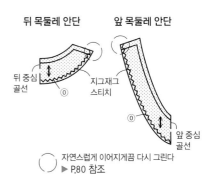

뒤 목둘레 안단
앞 목둘레 안단

뒤 중심
골선

지그재그
스티치

⓪

⓪

앞 중심
골선

○ 자연스럽게 이어지게끔 다시 그린다
▶ P.80 참조

보트넥

옆목점을 크게 넓혀서 옆으로 길고 얇게 파인 디자인.
겉으로 드러나는 어깨와 가슴 윗부분이 아름답게 보이는 효과가 있습니다.

Pattern

※ ○안의 숫자는 시접. 정해진 곳 이외의 시접은 1cm
※ ▨▨▨는 접착심을 붙인다

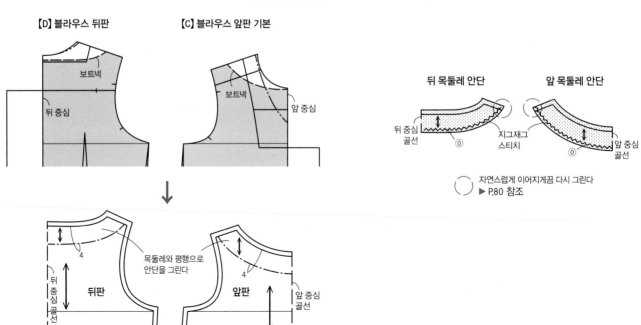

【D】블라우스 뒤판

【C】블라우스 앞판 기본

보트넥

뒤 중심

보트넥

앞 중심

뒤 목둘레 안단

앞 목둘레 안단

뒤 중심 골선

지그재그 스티치

앞 중심 골선

⊙

⊙

자연스럽게 이어지게끔 다시 그린다
▶ P.80 참조

4

뒤 중심 골선

뒤판

목둘레와 평행으로
안단을 그린다

앞판

4

앞 중심 골선

목둘레의 변형
스퀘어넥

네모나게 잘라낸 모양의 네크라인.
날카로운 느낌이 들게 잘라서 얼굴선이 갸름하게 보입니다.

Pattern

※ ○안의 숫자는 시접. 정해진 곳 이외의 시접은 1cm
※ ▨▨▨는 접착심을 붙인다

【D】 블라우스 뒤판   　　　　　【C】 블라우스 앞판 기본

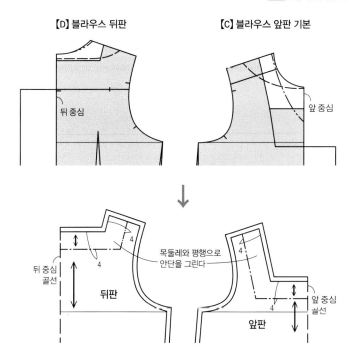

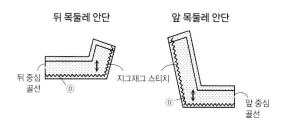

뒤 목둘레 안단　　　　앞 목둘레 안단

뒤 중심
골선　　⓪　　지그재그 스티치　　⓪　　앞 중심
골선

뒤 중심

앞 중심

목둘레와 평행으로
안단을 그린다

뒤 중심
골선

뒤판

앞 중심
골선

앞판

라운드칼라

56쪽의 기본 블라우스에 단 라운드칼라.
칼라 끝의 모양과 칼라 폭을 바꾸는 식으로 변형할 수도 있습니다.

Front	Side	Back

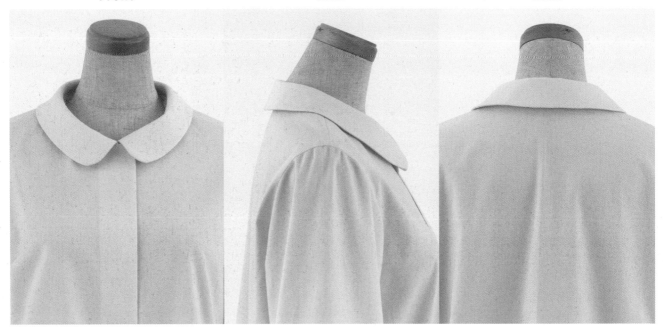

Pattern

※ ○안의 숫자는 시접. 정해진 곳 이외의 시접은 1cm
※ ▨▨▨는 접착심을 붙인다

【C】블라우스 라운드칼라

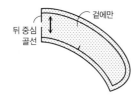

겉에만

뒤 중심
골선

【D】블라우스 뒤판   **【C】블라우스 앞판   기본**

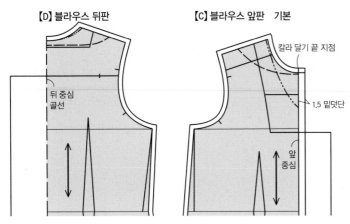

뒤 중심
골선

칼라 달기 끝 지점

1.5 밑덧단

앞
중심

one point   **칼라의 변형**

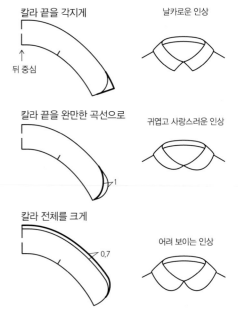

칼라 끝을 각지게

뒤 중심

날카로운 인상

칼라 끝을 완만한 곡선으로

1

귀엽고 사랑스러운 인상

칼라 전체를 크게

0.7

어려 보이는 인상

칼라의 변형
보타이

길고 가는 직사각형으로 자른 원단을 목둘레에 달고 양 끝을 묶어서 리본으로 삼았습니다.
리본의 폭이나 길이는 자유롭게 변형할 수 있습니다.

Front   Side   Back

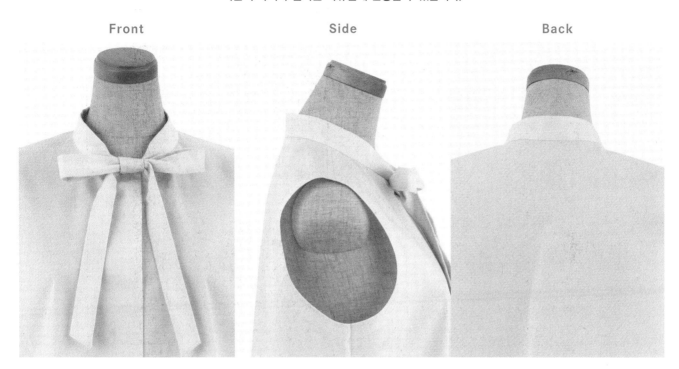

Pattern

※ 시접은 1cm

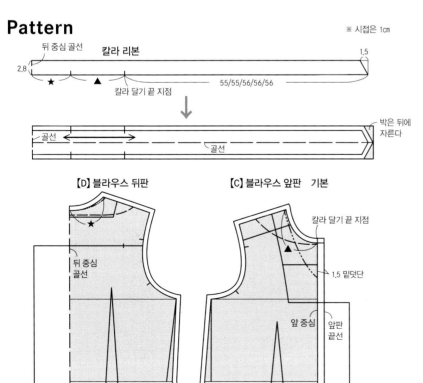

뒤 중심 골선   **칼라 리본**   1,5
2,8
★   ▲   칼라 달기 끝 지점   55/55/56/56/56

골선   골선   박은 뒤에 자른다

【D】블라우스 뒤판   【C】블라우스 앞판 기본

칼라 달기 끝 지점
뒤 중심 골선 ★
1,5 밑덧단
앞 중심   앞판 끝선

one point   칼라 리본의 변형

• 칼라 폭은 2,5~3cm가 가장 좋다.
• 칼라 끝은 자유롭게 변형.

칼라 끝은 각진 채로
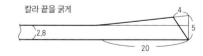
2,8

칼라 끝을 굵게
2,8   4   5   20

개더

칼라 끝을 둥글게 자른 가늘고 긴 원단에 주름을 잡았습니다.
올 방향을 바이어스로 하면 부드러운 개더가 됩니다.

Front	Side	Back

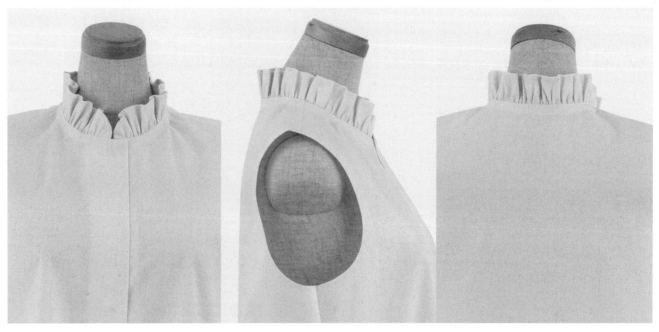

Pattern

※ 시접은 1cm

【C】블라우스 칼라　개더

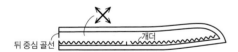

뒤 중심 골선　　개더

【D】블라우스 뒤판

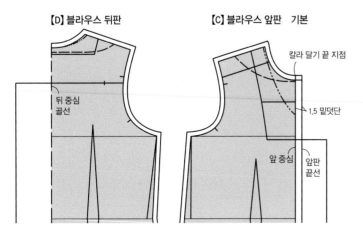

뒤 중심
골선

【C】블라우스 앞판　기본

칼라 달기 끝 지점

1.5 밑덧단

앞 중심　앞판
끝선

---

one point　칼라의 올 방향

바이어스

부드러운 프릴이 된다.

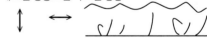

세로 올 방향 또는 가로 올 방향

칼라 가장자리에 뾰족뾰족 주름이 잡혀서 딱딱한 느낌이 된다.

one point　가장자리 처리

2장 처리
목을 따라서 칼라가 일
어선다. 단, 얇은 원단
으로 만들면 칼라가 바
깥쪽으로 쓰러진다.

0.5

박은 뒤에
자른다

1장 처리 (1)
바깥쪽으로 쓰러져서
칼라가 눕는다.

0.5

두 번
접어박기

1장 처리 (2)
두꺼운 원단이나 올이
잘 풀리지 않는 원단에
사용

시접 없이 재단.
말아박기,
가장자리 박기 등

안단과 가장자리 처리

가장자리 처리에는 안단이나 바이어스감으로 처리하는 법, 칼라나 커프스에 끼워서 박는 법 등 여러 가지 방법이 있습니다.
여기에서는 칼라나 소매를 달지 않을 경우의 가장자리 처리와 앞판이나 뒤판에 트임이 있을 때의 안단에 대해 몇 가지를 소개합니다.
디자인이나 봉제 방법에 따라서도 달라지므로 표시한 치수를 참고로 하여 조정합니다.

칼라·소매를 달지 않는 디자인

● 안단으로 처리

안단으로 가장자리를 처리하면 보강도 되므로 모양이 잘 유지됩니다.
겉에서 봤을 때 솔기가 보이지 않도록 깔끔하게 마무리하려면 몸판보다 안단이 조금 안쪽으로 들어가도록 하면 좋습니다.

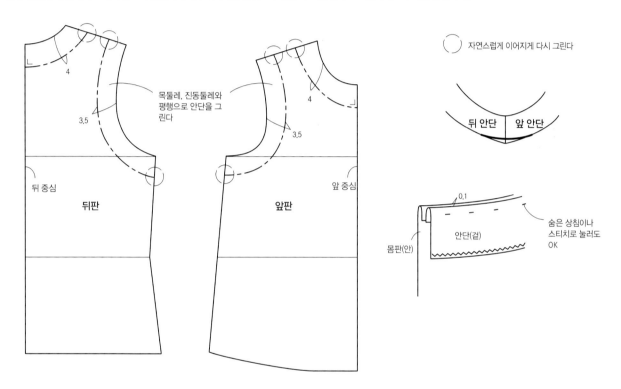

● 바이어스감으로 처리

겉에서 보이지 않는다
바이어스감을 가장자리에 박고 안쪽으로 접어 넣은 뒤에 박아 주는 방법. 안단이 비쳐서 보이는 것이 신경 쓰일 때 이 방법을 사용한다.
※ 몸판 쪽에 시접이 필요

겉에서 보인다
바이어스감으로 가장자리를 싸서 처리하는 방법. 겉에서 보이는 바이어스감을 디자인의 포인트로 삼아도 좋다.
※ 몸판 쪽에는 시접이 필요 없으므로 시접 없이 재단

목둘레 등 곡선 부분을 깔끔하게 마무리하려면
미리 바이어스감을 다려서 구부려 놓으면 좋다.

밑단까지 있는 트임

앞트임(뒤트임)을 만들 때 안단에서 왼쪽은 어깨까지 이어진 타입이고
오른쪽은 앞 중심과 평행으로 그린 안단과 목둘레 안단을 나눈 타입입니다.
만드는 법에 맞춰서 사용합니다. 앞 중심에서 1.2~2cm 나오는 밑덧단은
단추로 잠글 때 겹치는 부분이 됩니다.
※ 뒤판도 같음

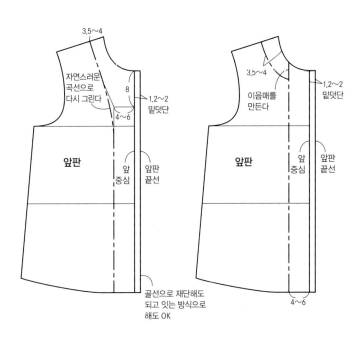

● 안단 폭

안단 폭이 좁으면 단춧구멍을 만들었을 때 단춧구멍 끝이 안
단보다 튀어나옵니다. 단추나 단춧구멍 크기를 고려해서 안
단 폭을 정합니다.

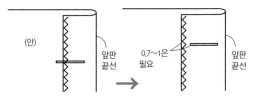

● 안단과 접착심

안단은 몸판이나 소매의 가장자리가 겉으로 보이지 않도록
하거나 보강하기 위한 것입니다. 원단 한 장만 사용하는 경우
는 거의 없고 접착심을 붙여서 사용합니다. 가장자리 처리뿐
만 아니라 형태를 유지하도록 하거나 단춧구멍이나 가위집
을 넣을 때도 많은 부분입니다. 접착심을 붙이는 작업이 좀
번거롭기는 하지만 꼼꼼히 붙여 줍니다.

슬래시 트임

몸판이나 소맷부리 트임에 가위집을 넣고 안단을 다는 방법. 트임 위치와 깊이를 정하고 그 부분에 안단을 달아 줍니다.
뒤집어써서 입는 방식의 몸판은 머리가 들어가는 크기인지 확인합니다.

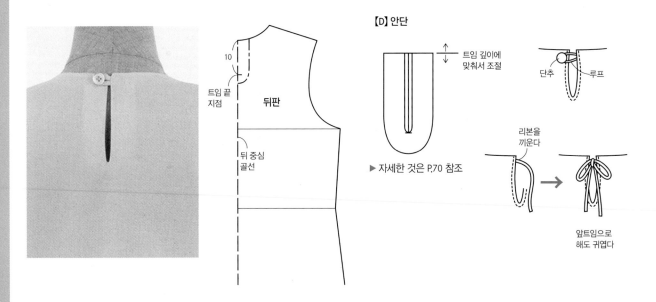

▶ 자세한 것은 P.70 참조

How to make

특별히 지정하지 않은 숫자의 단위는 ㎝입니다.

만드는 법 페이지에 있는 재단배치도는 제일 큰 15호 사이즈 기준입니다.
사이즈가 다르거나 원단 폭이 다르면 조정이 필요한 경우가 있으니
원단에 패턴을 다 올려놓고 확인한 뒤에 재단합니다.

무늬 맞추기나 한 방향 재단이 필요한 원단은 재료에 적힌 원단 필요량보다
넉넉하게 준비합니다.

실물 크기 패턴은 기준이 되는 선만 그려져 있습니다.
앞판 끝선이나 안단은 필요에 따라 덧붙여 그립니다.

직선으로만 된 부분은 패턴이 없는 작품도 있습니다.
그럴 때는 재단 배치도에 적혀 있는 치수를 참조하여 원단에 직접 그려서 재단합니다.

플레어소매를 단 보트넥 블라우스…16쪽

실물 크기 패턴
앞판…【C】 블라우스 앞판 기본(보트넥)
뒤판…【D】 블라우스 뒤판(보트넥)
소매…【D】 블라우스 7부 소매(플레어)

재료
폴리에스테르 100% 소프트 오건디 …폭110㎝×
155 / 160 / 170 / 170 / 170㎝
접착심…40㎝×70㎝
단추…지름 1㎝ 6개

완성 치수
옷 길이…51 / 53.5 / 56.5 / 56.5 / 56.5㎝
가슴둘레…92 / 96 / 100 / 105 / 110㎝
소매 길이…38 / 40.5 / 43 / 43 / 43㎝

※ 왼쪽이나 위에서부터 7 / 9 / 11 / 13 / 15호 사이즈

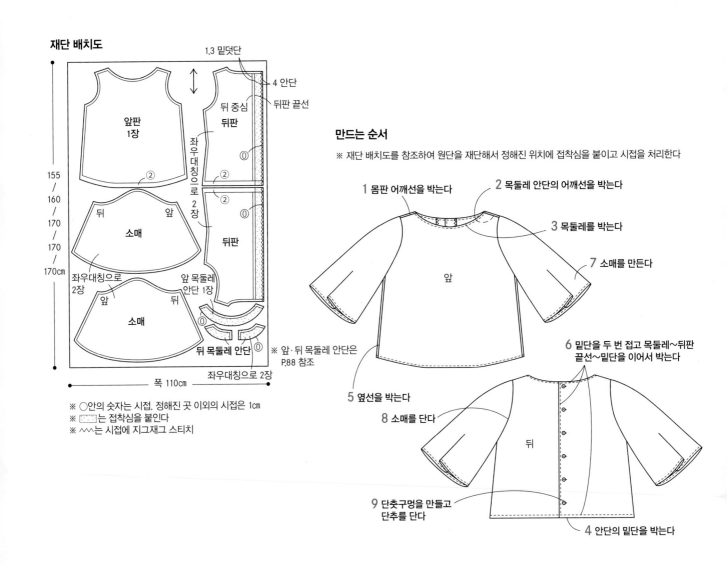

재단 배치도

1.3 밑덧단
4 안단
뒤 중심
뒤판 끝선
앞판
1장
뒤판
좌우대칭으로 2장
뒤
소매
앞
좌우대칭으로 2장
앞
뒤
소매
앞 목둘레 안단 1장
뒤 목둘레 안단
※ 앞·뒤 목둘레 안단은 P.88 참조
좌우대칭으로 2장
155 / 160 / 170 / 170 / 170㎝
폭 110㎝

※ ○안의 숫자는 시접. 정해진 곳 이외의 시접은 1㎝
※ ▨는 접착심을 붙인다
※ ∧∧∧는 시접에 지그재그 스티치

만드는 순서

※ 재단 배치도를 참조하여 원단을 재단해서 정해진 위치에 접착심을 붙이고 시접을 처리한다

1 몸판 어깨선을 박는다
2 목둘레 안단의 어깨선을 박는다
3 목둘레를 박는다
7 소매를 만든다
앞
5 옆선을 박는다
8 소매를 단다

6 밑단을 두 번 접고 목둘레~뒤판 끝선~밑단을 이어서 박는다
뒤
9 단춧구멍을 만들고 단추를 단다
4 안단의 밑단을 박는다

1 몸판 어깨선을 박는다

❷ 시접은 2장을 함께 지그 재그 스티치하여 뒤판 쪽으로 넘긴다.

뒤판(겉)

❶ 겉끼리 맞대고 박는다.

앞판(안)

2 목둘레 안단의 어깨선을 박는다

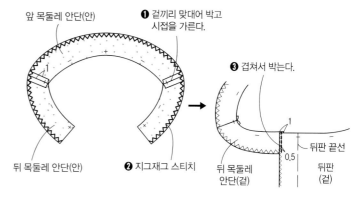

앞 목둘레 안단(안)

❶ 겉끼리 맞대어 박고 시접을 가른다.

뒤 목둘레 안단(안)

❷ 지그재그 스티치

❸ 겹쳐서 박는다.

뒤판 끝선

뒤 목둘레 안단(겉)

뒤판 (겉)

0.5

1

3 목둘레를 박는다

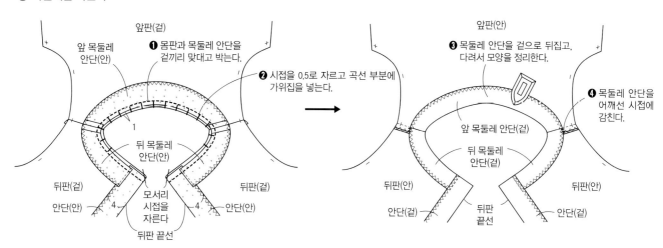

앞 목둘레 안단(안)

앞판(겉)

❶ 몸판과 목둘레 안단을 겉끼리 맞대고 박는다.

❷ 시접을 0.5로 자르고 곡선 부분에 가위집을 넣는다.

뒤 목둘레 안단(안)

뒤판(겉)

안단(안)

모서리 시접을 자른다

뒤판 끝선

앞판(안)

❸ 목둘레 안단을 겉으로 뒤집고, 다려서 모양을 정리한다.

❹ 목둘레 안단을 어깨선 시접에 감친다.

앞 목둘레 안단(겉)

뒤 목둘레 안단(겉)

뒤판(안)

안단(겉)

뒤판 끝선

뒤판(안)

안단(겉)

4 안단의 밑단을 박는다

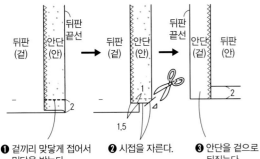

뒤판(겉) **안단(안)** **뒤판 끝선** → **뒤판(겉)** **안단(안)** **뒤판 끝선** → **안단(겉)** **뒤판(안)**

2   1.5   1   2

❶ 겉끼리 맞닿게 접어서 밑단을 박는다.

❷ 시접을 자른다.

❸ 안단을 겉으로 뒤집는다.

5 옆선을 박는다

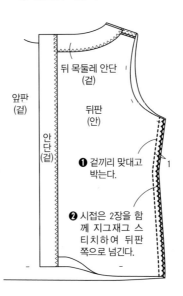

앞판(겉)

뒤 목둘레 안단(겉)

뒤판(안)

안단(겉)

1

❶ 겉끼리 맞대고 박는다.

❷ 시접은 2장을 함께 지그재그 스티치하여 뒤판쪽으로 넘긴다.

6 밑단을 두 번 접고 목둘레~뒤판 끝선~ 밑단을 이어서 박는다

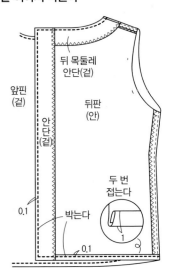

앞핀(겉)

뒤 목둘레 안단(겉)

뒤판(안)

안단(겉)

0.1

박는다

0.1

두 번 접는다

1

7 소매를 만든다

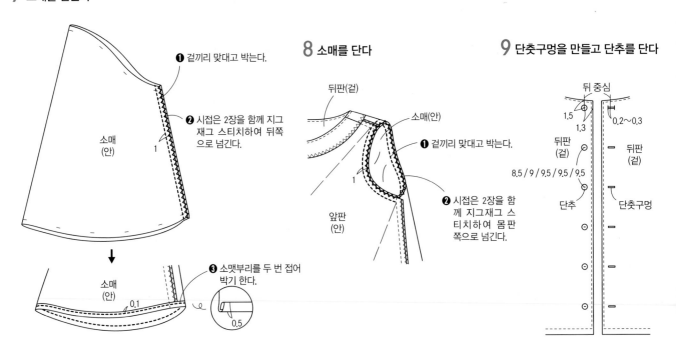

❶ 겉끼리 맞대고 박는다.

소매(안)

1

❷ 시접은 2장을 함께 지그재그 스티치하여 뒤쪽으로 넘긴다.

소매(안)

0.1

❸ 소맷부리를 두 번 접어 박기 한다.

0.5

8 소매를 단다

뒤판(겉)

소매(안)

❶ 겉끼리 맞대고 박는다.

1

앞판(안)

❷ 시접은 2장을 함께 지그재그 스티치하여 몸판쪽으로 넘긴다.

9 단춧구멍을 만들고 단추를 단다

뒤 중심

1.5
1.3

0.2~0.3

뒤판(겉)

뒤판(겉)

8.5 / 9 / 9.5 / 9.5 / 9.5

단추

단춧구멍

벌룬 소매를 단 라운드넥 블라우스···16쪽

실물 크기 패턴
앞판···【C】 블라우스 앞판 기본
뒤판···【D】 블라우스 뒤판
소매···【C】 블라우스 긴소매 벌룬
뒤트임 안단···【D】 안단

재료
80s 론 소프트타입 ···폭106㎝×250 / 260 / 270 /
270 / 270㎝
접착심···20㎝×50㎝
단추···지름 1.2㎝ 1개

완성 치수
옷 길이···52 / 54.5 / 57.5 / 57.5 / 57.5㎝
가슴둘레···92 / 96 / 100 / 105 / 110㎝
소매 길이···57.9 / 60.9 / 63.9 / 63.9 / 63.9㎝

※ 왼쪽이나 위에서부터 7 / 9 / 11 / 13 / 15호 사이즈

재단 배치도

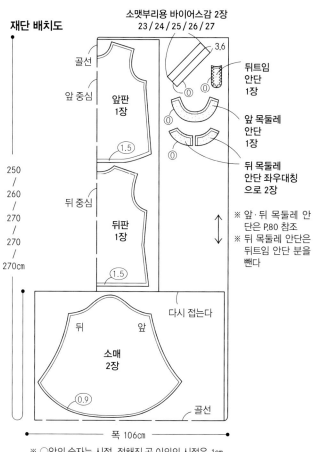

소맷부리용 바이어스감 2장
23 / 24 / 25 / 26 / 27

3.6

골선

앞 중심

앞판
1장

1.5

뒤 중심

뒤판
1장

1.5

다시 접는다

뒤   앞

소매
2장

0.9

골선

뒤트임
안단
1장

앞 목둘레
안단
1장

뒤 목둘레
안단 좌우대칭
으로 2장

※ 앞·뒤 목둘레 안
단은 P.80 참조
※ 뒤 목둘레 안단은
뒤트임 안단 분을
뺀다

250
/
260
/
270
/
270
/
270㎝

폭 106㎝

※ ○안의 숫자는 시접. 정해진 곳 이외의 시접은 1㎝
※ ▨는 접착심을 붙인다
※ ∧∧∧는 시접에 지그재그 스티치

만드는 순서

※ 재단 배치도를 참조하여 원단을 재단해서 정해진 위치에 집착심을 붙이고 시접을 처리한다

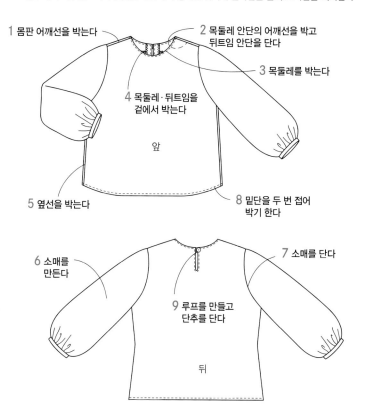

1 몸판 어깨선을 박는다

2 목둘레 안단의 어깨선을 박고
뒤트임 안단을 단다

3 목둘레를 박는다

4 목둘레·뒤트임을
겉에서 박는다

앞

5 옆선을 박는다

8 밑단을 두 번 접어
박기 한다

6 소매를
만든다

7 소매를 단다

9 루프를 만들고
단추를 단다

뒤

1 몸판 어깨선을 박는다

❷ 시접은 2장을 함께 지그재그 스티치
　하여 뒤판 쪽으로 넘긴다.

뒤판(겉)

1

❶ 겉끼리 맞대고
　박는다.

앞판
(안)

2 목둘레 안단의 어깨선을 박고 뒤트임 안단을 단다

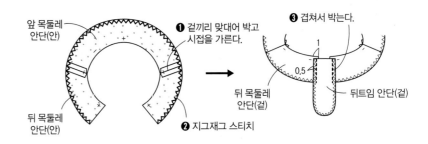

앞 목둘레
안단(안)

❶ 겉끼리 맞대어 박고
　시접을 가른다.

뒤 목둘레
안단(안)

❷ 지그재그 스티치

❸ 겹쳐서 박는다.

1

0.5

뒤 목둘레
안단(겉)

뒤트임 안단(겉)

3 목둘레를 박는다　## 4 목둘레·뒤트임을 겉에서 박는다

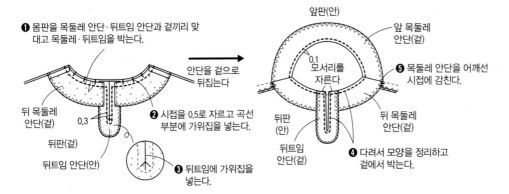

❶ 몸판을 목둘레 안단·뒤트임 안단과 겉끼리 맞
　대고 목둘레·뒤트임을 박는다.

안단을 겉으로
뒤집는다

뒤 목둘레
안단(겉)

0.3

뒤판(겉)

뒤트임 안단(안)

❷ 시접을 0.5로 자르고 곡선
　부분에 가위집을 넣는다.

❸ 뒤트임에 가위집을
　넣는다.

앞판(안)

앞 목둘레
안단(겉)

0.1
모서리를
자른다

뒤판
(안)

뒤트임
안단(겉)

뒤 목둘레
안단(겉)

❺ 목둘레 안단을 어깨선
　시접에 감친다.

❹ 다려서 모양을 정리하고
　겉에서 박는다.

5 옆선을 박는다

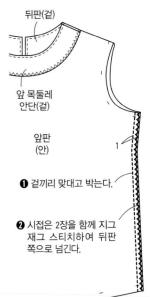

뒤판(겉)

앞 목둘레
안단(겉)

앞판
(안)

1

❶ 겉끼리 맞대고 박는다.

❷ 시접은 2장을 함께 지그
　재그 스티치하여 뒤판
　쪽으로 넘긴다.

6 소매를 만든다

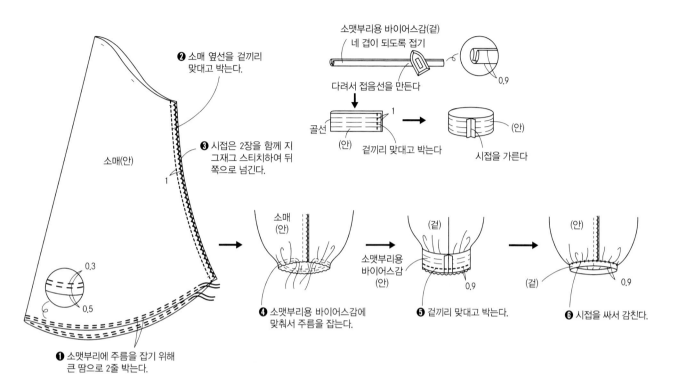

❷ 소매 옆선을 겉끼리
맞대고 박는다.

소맷부리용 바이어스감(겉)
네 겹이 되도록 접기

다려서 접음선을 만든다

골선

(안)

겉끼리 맞대고 박는다

0.9

(안)

시접을 가른다

소매(안)

1

❸ 시접은 2장을 함께 지
그재그 스티치하여 뒤
쪽으로 넘긴다.

소매
(안)

소맷부리용
바이어스감
(안)

(겉)

겉끼리 맞대고 박는다.

0.9

(안)

(겉)

0.9

❻ 시접을 싸서 감친다.

❹ 소맷부리용 바이어스감에
맞춰서 주름을 잡는다.

❺ 겉끼리 맞대고 박는다.

0.3

0.5

❶ 소맷부리에 주름을 잡기 위해
큰 땀으로 2줄 박는다.

7 소매를 단다

뒤판(겉)

소매(안)

❶ 겉끼리 맞대고
박는다.

1

❷ 시접은 2장을 함께 지
그재그 스티치하여 몸
판 쪽으로 넘긴다.

앞판
(안)

8 밑단을 두 번 접어박기한다

앞판
(안)

뒤판
(안)

밑단을 두 번
접어서 박는다

0.1

0.7

0.8

9 루프를 만들고 단추를 단다

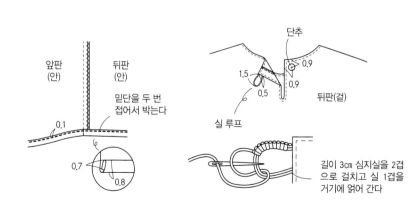

단추

1.5

0.5

0.9

0.9

뒤판(겉)

실 루프

길이 3㎝ 심지실을 2겹
으로 걸치고 실 1겹을
거기에 얽어 간다

배색천을 사용한 라운드칼라 블라우스…18쪽

실물 크기 패턴
앞판…【C】블라우스 앞판 기본
뒤판…【D】블라우스 뒤판
소매…【D】블라우스 긴소매 소매산 턱
칼라…【C】블라우스 라운드칼라

재료
건클럽체크 TAF-03 BK(기요하라 주식회사)…폭 110cm
×190 / 200 / 205 / 210 / 215cm
배색천…플라노(울) 50cm×25cm
접착심…40cm×70cm
단추…지름 1.8cm 5개

완성 치수
옷 길이…52 / 54.5 / 57.5 / 57.5 / 57.5cm
가슴둘레…92 / 96 / 100 / 105 / 110cm
소매 길이…52 / 55 / 58 / 58 / 58cm

※ 왼쪽이나 위에서부터 7 / 9 / 11 / 13 / 15호 사이즈

재단 배치도

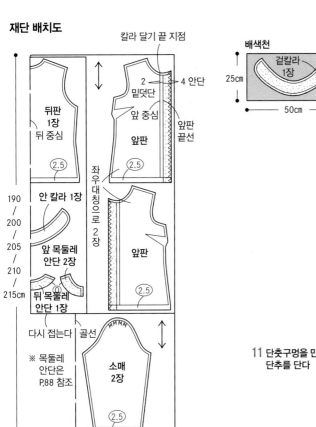

칼라 달기 끝 지점

배색천
25cm 50cm
겉칼라 1장

뒤판 1장 뒤 중심
2 밑덧단
4 안단
앞 중심
앞판
앞판 끝선
안 칼라 1장
좌우대칭으로 2장
앞 목둘레 안단 2장
뒤 목둘레 안단 1장
앞판
다시 접는다
골선
※ 목둘레 안단은 P.88 참조
소매 2장
폭 110cm

190 / 200 / 205 / 210 / 215cm

※ ○안의 숫자는 시접. 정해진 곳 이외의 시접은 1cm
※ ▨는 접착심을 붙인다
※ ^^^는 시접에 지그재그 스티치

만드는 순서

※ 재단 배치도를 참조하여 원단을 재단해서 정해진 위치에 접착심을 붙이고 시접을 처리한다

2 몸판 어깨선을 박는다
3 칼라를 만든다
4 목둘레 안단의 어깨선을 박는다
5 칼라를 단다
9 소매를 만든다
10 소매를 단다
11 단춧구멍을 만들고 단추를 단다
앞
1 다트를 박는다
7 옆선을 박는다
6 안단의 밑단을 박는다
8 밑단을 두 번 접고 목둘레~앞판 끝선~밑단을 이어서 박는다

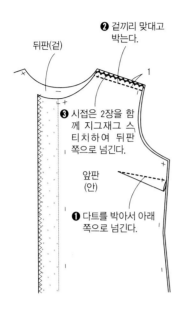

1 다트를 박는다　**2** 몸판 어깨선을 박는다

뒤판(겉)

❷ 겉끼리 맞대고
박는다.

1

❸ 시접은 2장을 함
께 지그재그 스
티치하여 뒤판
쪽으로 넘긴다.

앞판
(안)

❶ 다트를 박아서 아래
쪽으로 넘긴다.

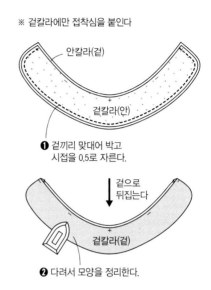

3 칼라를 만든다

※ 겉칼라에만 접착심을 붙인다

안칼라(겉)

겉칼라(안)

❶ 겉끼리 맞대어 박고
시접을 0.5로 자른다.

겉으로
뒤집는다

겉칼라(겉)

❷ 다려서 모양을 정리한다.

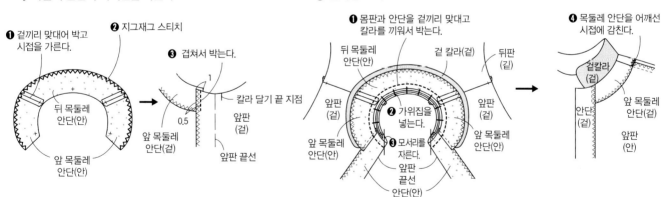

4 목둘레 안단의 어깨선을 박는다

❶ 겉끼리 맞대어 박고
시접을 가른다.　　❷ 지그재그 스티치

❸ 겹쳐서 박는다.

뒤 목둘레
안단(안)

칼라 달기 끝 지점

앞 목둘레
안단(겉)

0.5

앞판
(겉)

앞 목둘레
안단(안)

앞판 끝선

5 칼라를 단다

❶ 몸판과 안단을 겉끼리 맞대고
칼라를 끼워서 박는다.

뒤 목둘레
안단(안)　　겉 칼라(겉)　　뒤판
(겉)

앞판
(겉)

❷ 가위집을
넣는다.

앞판
(겉)

앞 목둘레
안단(안)

❸ 모서리를
자른다.

앞 목둘레
안단(안)

앞판
끝선
안단(안)

❹ 목둘레 안단을 어깨선
시접에 감친다.

겉칼라
(겉)

안단
(겉)

앞 목둘레
안단(겉)

앞판
(안)

6 안단의 밑단을 박는다

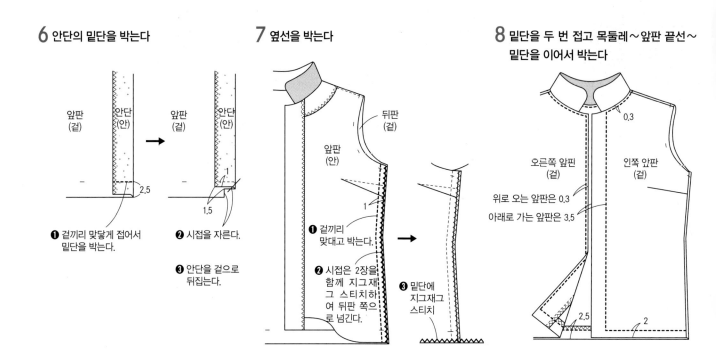

앞판
(겉)

안단
(안)

앞판
(겉)

안단
(안)

2.5

1

1.5

❶ 겉끼리 맞닿게 접어서
밑단을 박는다.

❷ 시접을 자른다.

❸ 안단을 겉으로
뒤집는다.

7 옆선을 박는다

뒤판
(겉)

앞판
(안)

1

❶ 겉끼리
맞대고 박는다.

❷ 시접은 2장을
함께 지그재
그 스티치하
여 뒤판 쪽으
로 넘긴다.

❸ 밑단에
지그재그
스티치

8 밑단을 두 번 접고 목둘레～앞판 끝선～
밑단을 이어서 박는다

0.3

오른쪽 앞핀
(겉)

인쪽 앞판
(겉)

위로 오는 앞판은 0.3
아래로 가는 앞판은 3.5

2.5

2

9 소매를 만든다

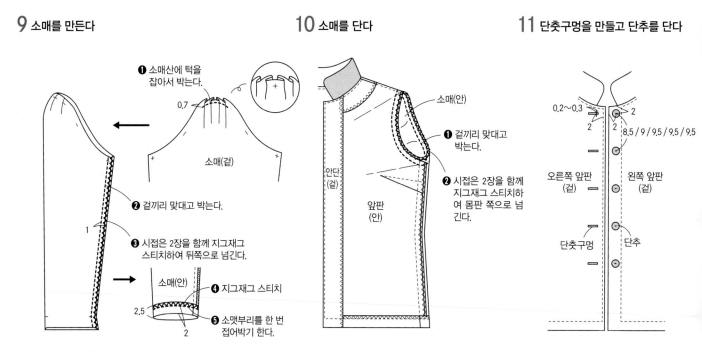

❶ 소매산에 턱을
잡아서 박는다.

0.7

소매(겉)

❷ 겉끼리 맞대고 박는다.

1

❸ 시접은 2장을 함께 지그재그
스티치하여 뒤쪽으로 넘긴다.

소매(안)

❹ 지그재그 스티치

2.5

2

❺ 소맷부리를 한 번
접어박기 한다.

10 소매를 단다

소매(안)

안단
(겉)

앞판
(안)

❶ 겉끼리 맞대고
박는다.

❷ 시접은 2장을 함께
지그재그 스티치하
여 몸판 쪽으로 넘
긴다.

11 단춧구멍을 만들고 단추를 단다

0.2～0.3

2

2

2

8.5 / 9 / 9.5 / 9.5 / 9.5

오른쪽 앞판
(겉)

왼쪽 앞판
(겉)

단춧구멍

단추

보타이를 단 실크 새틴 블라우스···19쪽

실물 크기 패턴
앞판···【C】 블라우스 앞판 요크+개더
뒤판···【D】 블라우스 뒤판
요크···【C】 블라우스 앞판 기본과 【D】 블라우스 뒤판에서 가져온다
소매···【D】 블라우스 긴소매 소매산·소맷부리 개더

재료
프린트 실크 새틴···폭 110cm×230 / 235 / 240 / 240 / 240cm
접착심···25cm×60cm
싸개단추···지름 1.2cm 15개

완성 치수
옷 길이···52 / 54.5 / 57.5 / 57.5 / 57.5cm
가슴둘레···122 / 126 / 130 / 135 / 140cm
소매 길이···55.5 / 58.5 / 61.5 / 61.5 / 61.5cm

※ 왼쪽이나 위에서부터 7 / 9 / 11 / 13 / 15호 사이즈

재단 배치도

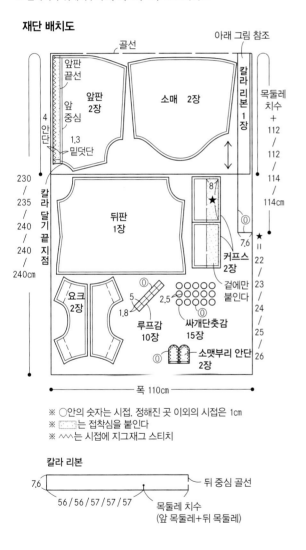

※ ○안의 숫자는 시접. 정해진 곳 이외의 시접은 1cm
※ ▨는 접착심을 붙인다
※ ∧∧∧는 시접에 지그재그 스티치

칼라 리본

7.6
56 / 56 / 57 / 57 / 57
뒤 중심 골선
목둘레 치수
(앞 목둘레+뒤 목둘레)

만드는 순서

※ 재단 배치도를 참조하여 원단을 재단해서 정해진 위치에 접착심을 붙이고 시접을 처리한다

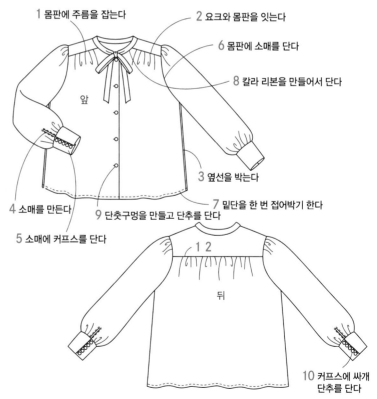

1 몸판에 주름을 잡는다
2 요크와 몸판을 잇는다
6 몸판에 소매를 단다
8 칼라 리본을 만들어서 단다
3 옆선을 박는다
7 밑단을 한 번 접어박기 한다
9 단춧구멍을 만들고 단추를 단다
4 소매를 만든다
5 소매에 커프스를 단다
10 커프스에 싸개 단추를 단다

1 몸판에 주름을 잡는다

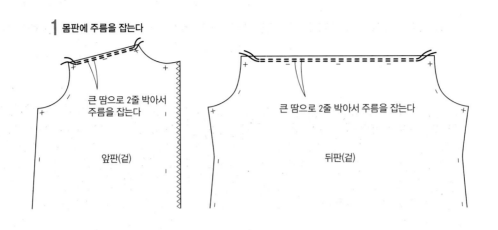

큰 땀으로 2줄 박아서
주름을 잡는다

앞판(겉)

큰 땀으로 2줄 박아서 주름을 잡는다

뒤판(겉)

2 요크와 몸판을 잇는다

3 옆선을 박는다

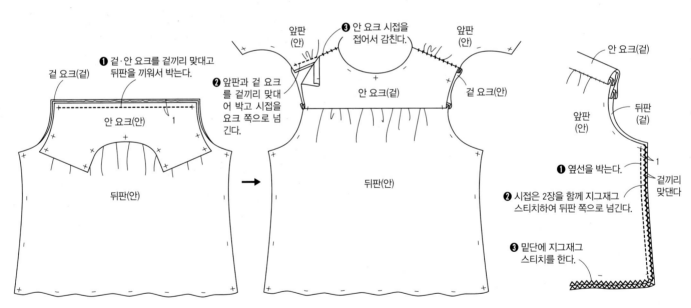

겉 요크(겉)

안 요크(안) 1

뒤판(안)

❶ 겉·안 요크를 겉끼리 맞대고
뒤판을 끼워서 박는다.

❷ 앞판과 겉 요크
를 겉끼리 맞대
어 박고 시접을
요크 쪽으로 넘
긴다.

앞판
(안)

❸ 안 요크 시접을
접어서 감친다.

앞판
(안)

안 요크(겉)

겉 요크(안)

뒤판(안)

안 요크(겉)

앞판
(안)

뒤판
(겉)

❶ 옆선을 박는다.

❷ 시접은 2장을 함께 지그재그
스티치하여 뒤판 쪽으로 넘긴다.

❸ 밑단에 지그재그
스티치를 한다.

겉끼리
맞댄다

1

4 소매를 만든다

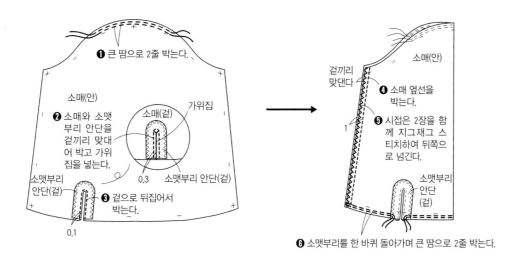

❶ 큰 땀으로 2줄 박는다.

소매(안)

❷ 소매와 소맷부리 안단을 겉끼리 맞대어 박고 가위집을 넣는다.

가위집

소매(겉)

소매(겉)

소맷부리 안단(겉)

0.3

소맷부리 안단(겉)

❸ 겉으로 뒤집어서 박는다.

0.1

소매(안)

겉끼리 맞댄다

❹ 소매 옆선을 박는다.

❺ 시접은 2장을 함께 지그재그 스티치하여 뒤쪽으로 넘긴다.

1

소맷부리 안단(겉)

❻ 소맷부리를 한 바퀴 돌아가며 큰 땀으로 2줄 박는다.

5 소매에 커프스를 단다

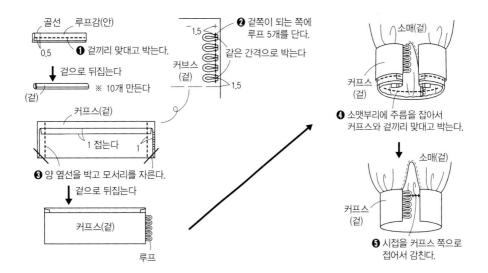

골선 루프감(안)

❶ 겉끼리 맞대고 박는다.

0.5

겉으로 뒤집는다

(겉) ※ 10개 만든다

❷ 겉쪽이 되는 쪽에 루프 5개를 단다.

1.5

같은 간격으로 박는다

커프스(겉)

1.5

커프스(겉)

1 접는다 1

❸ 양 옆선을 박고 모서리를 자른다.

겉으로 뒤집는다

커프스(겉)

루프

소매(겉)

커프스(겉)

❹ 소맷부리에 주름을 잡아서 커프스와 겉끼리 맞대고 박는다.

소매(겉)

커프스(겉)

❺ 시접을 커프스 쪽으로 접어서 감친다.

6 몸판에 소매를 단다

❷ 시접은 2장을 함께 지그
재그 스티치하여 소매
쪽으로 넘긴다.

안 요크
(겉)

소매
(안)

앞판
(안)

❶ 겉끼리
맞대고 박는다.

7 밑단을 한 번 접어박기 한다

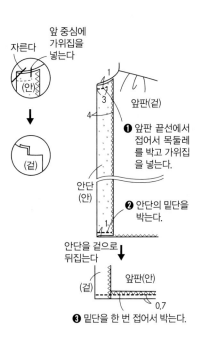

자른다

앞 중심에
가위집을
넣는다

(안)

(겉)

1
3
4

앞판(겉)

❶ 앞판 끝선에서
접어서 목둘레
를 박고 가위집
을 넣는다.

안단
(안)

❷ 안단의 밑단을
박는다.

안단을 겉으로
뒤집는다

앞판(안)

(겉)

0.7

❸ 밑단을 한 번 접어서 박는다.

8 칼라 리본을 만들어서 단다

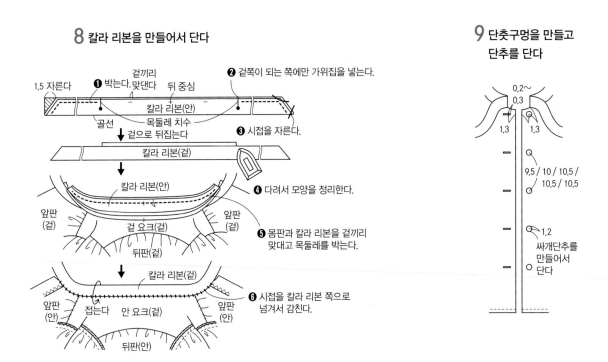

1.5 자른다

겉끼리
맞댄다

❶ 박는다.

뒤 중심

❷ 겉쪽이 되는 쪽에만 가위집을 넣는다.

칼라 리본(안)

골선

목둘레 치수
겉으로 뒤집는다

❸ 시접을 자른다.

칼라 리본(겉)

칼라 리본(안)

❹ 다려서 모양을 정리한다.

앞판
(겉)

겉 요크(겉)

앞판
(겉)

뒤판(겉)

❺ 몸판과 칼라 리본을 겉끼리
맞대고 목둘레를 박는다.

칼라 리본(겉)

앞판
(안)

접는다

안 요크(겉)

앞판
(안)

❻ 시접을 칼라 리본 쪽으로
넘겨서 감친다.

뒤판(안)

9 단춧구멍을 만들고
단추를 단다

0.2~
0.3

1.3

1.3

9.5 / 10 / 10.5 /
10.5 / 10.5

1.2

싸개단추를
만들어서
단다

숨김단 베이직 셔츠…20페이지

실물 크기 패턴
앞판…【A】 셔츠 앞판
뒤판…【A】 셔츠 뒤판
요크…【A】 셔츠 앞판과 【A】 셔츠 뒤판에서 가져온다
소매…【A】 셔츠 소매
커프스…【A】 셔츠·캐주얼셔츠 커프스
덧단·밑덧단…【A】 덧단·밑덧단
위 칼라…【A】 받침칼라가 달린 셔츠칼라 위 칼라
받침칼라…【A】 받침칼라가 달린 셔츠칼라 받침칼라

재료
이탈리안제 스트라이프 코튼…폭 110cm×195 / 200 /
210 / 210 / 210cm
접착심…35cm×70cm
단추…지름 1.1cm 7개

완성 치수
옷 길이…62.5 / 65 / 68 / 68 / 68cm
가슴둘레…100 / 104 / 108 / 113 / 118cm
소매 길이…54 / 57 / 60 / 60 / 60cm

※ 왼쪽이나 위에서부터 7 / 9 / 11 / 13 / 15호 사이즈

재단 배치도

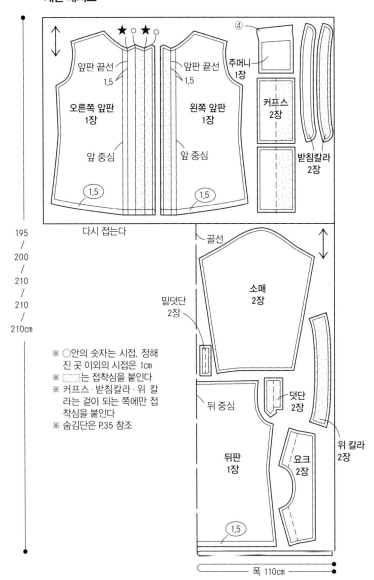

195
/
200
/
210
/
210
/
210cm

※ ○안의 숫자는 시접. 정해
  진 곳 이외의 시접은 1cm
※ ▨는 접착심을 붙인다
※ 커프스·받침칼라·위 칼
  라는 겉이 되는 쪽에만 접
  착심을 붙인다
※ 숨김단은 P.35 참조

만드는 순서

※ 재단 배치도를 참조하여 원단을 재단해서 정해진 위치에 접착심을 붙인다

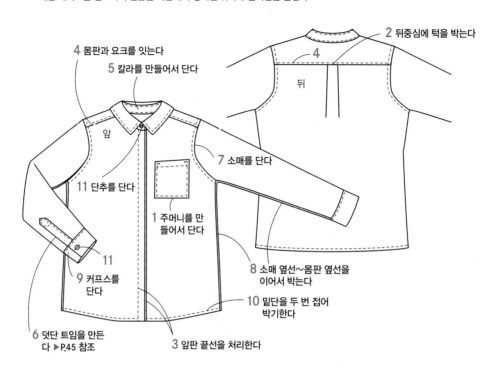

4 몸판과 요크를 잇는다
5 칼라를 만들어서 단다
2 뒤중심에 턱을 박는다
4
뒤
앞
7 소매를 단다
11 단추를 단다
1 주머니를 만들어서 단다
8 소매 옆선~몸판 옆선을 이어서 박는다
9 커프스를 단다
11
10 밑단을 두 번 접어 박기한다
6 덧단 트임을 만든다 ▶P.45 참조
3 앞판 끝선을 처리한다

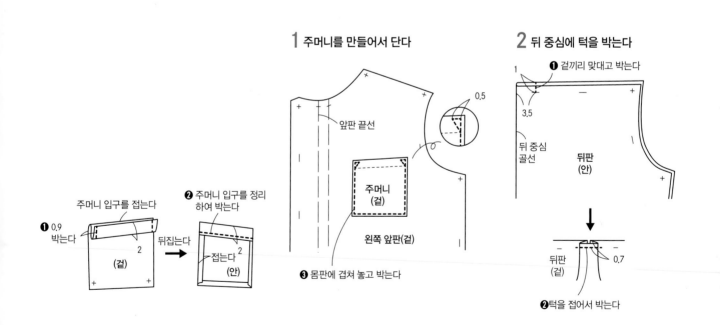

1 주머니를 만들어서 단다

앞판 끝선
0.5
주머니 (겉)
왼쪽 앞판(겉)

주머니 입구를 접는다
❶ 0.9 박는다
2
(겉)
뒤집는다
❷ 주머니 입구를 정리하여 박는다
접는다
2
(안)
❸ 몸판에 겹쳐 놓고 박는다

2 뒤 중심에 턱을 박는다

❶ 겉끼리 맞대고 박는다
1
3.5
뒤 중심 골선
뒤판 (안)

뒤판 (겉)
0.7
❷턱을 접어서 박는다

3 앞판 끝선을 처리한다

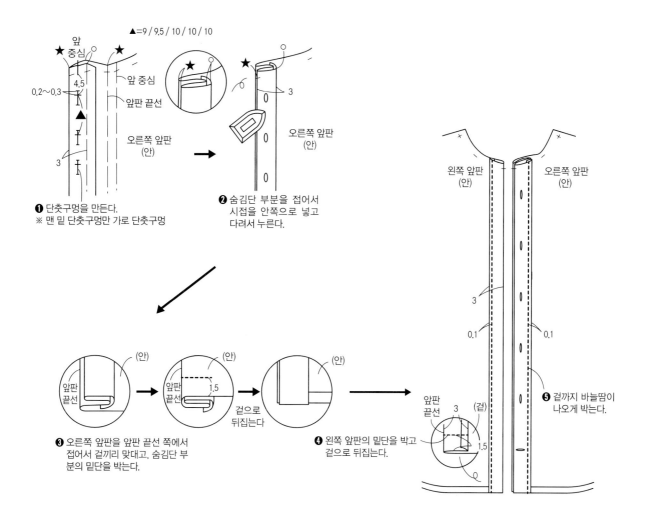

▲=9 / 9.5 / 10 / 10 / 10

앞
★ 중심
★

0.2~0.3
4.5

앞 중심

앞판 끝선

3

오른쪽 앞판
(안)

❶ 단춧구멍을 만든다.
※ 맨 밑 단춧구멍만 가로 단춧구멍

★ ○

3

0

0

0

오른쪽 앞판
(안)

❷ 숨김단 부분을 접어서
시접을 안쪽으로 넣고
다려서 누른다.

(안)

앞판
끝선

(안)

앞판
끝선

1.5

겉으로
뒤집는다

(안)

❸ 오른쪽 앞판을 앞판 끝선 쪽에서
접어서 겉끼리 맞대고, 숨김단 부
분의 밑단을 박는다.

앞판
끝선

3 (겉)

1.5

0

❹ 왼쪽 앞판의 밑단을 박고
겉으로 뒤집는다.

왼쪽 앞판
(안)

오른쪽 앞판
(안)

3

0.1

0.1

❺ 겉까지 바늘땀이
나오게 박는다.

4 몸판과 요크를 잇는다

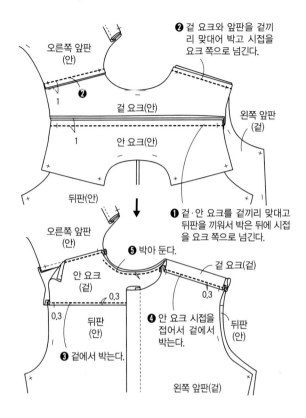

❷ 겉 요크와 앞판을 겉끼리 맞대어 박고 시접을 요크 쪽으로 넘긴다.

오른쪽 앞판 (안)

1

겉 요크(안)

안 요크(안)

1

왼쪽 앞판 (겉)

뒤판(안)

❶ 겉·안 요크를 겉끼리 맞대고 뒤판을 끼워서 박은 뒤에 시접을 요크 쪽으로 넘긴다.

오른쪽 앞판 (안)

❺ 박아 둔다.

겉 요크(겉)

안 요크 (겉)

0.3

0.3

뒤판 (안)

❹ 안 요크 시접을 접어서 겉에서 박는다.

뒤판 (안)

❸ 겉에서 박는다.

왼쪽 앞판(겉)

5 칼라를 만들어서 단다

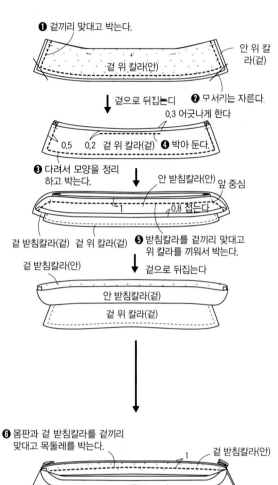

❶ 겉끼리 맞대고 박는다.

안 위 칼라(겉)

겉 위 칼라(안)

겉으로 뒤집는다

❷ 모서리는 자른다.
0.3 어긋나게 한다

0.5 0.2 겉 위 칼라(겉) ❹ 박아 둔다.

❸ 다려서 모양을 정리하고 박는다.

안 받침칼라(안) 앞 중심

1 0.8 접는다

겉 받침칼라(겉) 겉 위 칼라(겉)

❺ 받침칼라를 겉끼리 맞대고 위 칼라를 끼워서 박는다.

겉 받침칼라(안)

겉으로 뒤집는다

안 받침칼라(겉)

겉 위 칼라(겉)

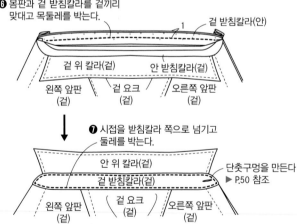

❻ 몸판과 겉 받침칼라를 겉끼리 맞대고 목둘레를 박는다.

1 겉 받침칼라(안)

겉 위 칼라(겉) 안 받침칼라(겉)

왼쪽 앞판 (겉) 겉 요크 (겉) 오른쪽 앞판 (겉)

❼ 시접을 받침칼라 쪽으로 넘기고 둘레를 박는다.

안 위 칼라(겉)

겉 받침칼라(겉)

단춧구멍을 만든다
▶ P.50 참조

왼쪽 앞판 (겉) 겉 요크 (겉) 오른쪽 앞판 (겉)

6 덧단 트임을 만든다   ## 7 소매를 단다

▶ P.45참조

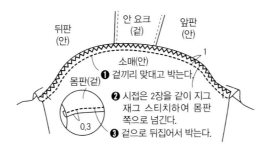

뒤판
(안)

안 요크
(겉)

앞판
(안)

소매(안)

❶ 겉끼리 맞대고 박는다.

몸판(겉)

1

❷ 시접은 2장을 같이 지그
재그 스티치하여 몸판
쪽으로 넘긴다.

0.3

❸ 겉으로 뒤집어서 박는다.

8 소매 옆선~몸판 옆선을 이어서 박는다
9 커프스를 단다

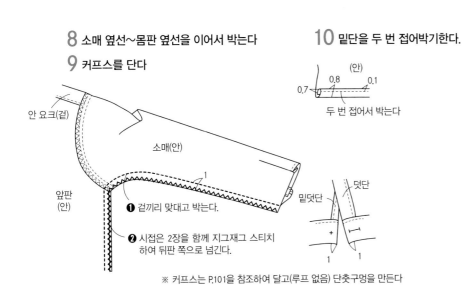

안 요크(겉)

소매(안)

1

앞판
(안)

❶ 겉끼리 맞대고 박는다.

❷ 시접은 2장을 함께 지그재그 스티치
하여 뒤판 쪽으로 넘긴다.

밑덧단

덧단

+

1

1

※ 커프스는 P.101을 참조하여 달고(루프 없음) 단춧구멍을 만든다

10 밑단을 두 번 접어박기한다.

(안)

0.7

0.8

0.1

두 번 접어서 박는다

11 단추를 단다.

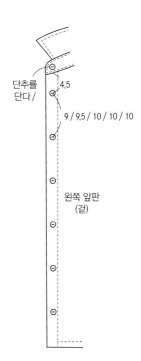

단추를
단다 /

4.5

9 / 9.5 / 10 / 10 / 10

왼쪽 앞판
(겉)

Shirt & Blouse
셔츠 & 블라우스 기본 패턴집

1판 1쇄 발행 | 2020년 05월 20일
1판 3쇄 발행 | 2023년 05월 08일

지은이 노기 요코
옮긴이 남궁가윤
펴낸이 김기옥

실용본부장 박재성
편집 실용 2팀 이나리, 장윤선
마케터 이지수
판매 전략 김선주
지원 고광현, 김형식, 임민진

디자인 푸른나무디자인
인쇄·제본 민언프린텍

펴낸곳 한스미디어(한즈미디어(주))
주소 121-839 서울시 마포구 양화로 11길 13(서교동, 강원빌딩 5층)
전화 02-707-0337 | **팩스** 02-707-0198 | **홈페이지** www.hansmedia.com
출판신고번호 제 313-2003-227호 | **신고일자** 2003년 6월 25일

ISBN 979-11-6007-492-5 13590

책값은 뒤표지에 있습니다.
잘못 만들어진 책은 구입하신 서점에서 교환해 드립니다.